WEBブラウザで即席プログラミング！
サクッと動かしてバッチリ仕上がる

エンジニア必携！

mbed×デバッガ！
一枚二役ARMマイコン基板

島田 義人 ほか著

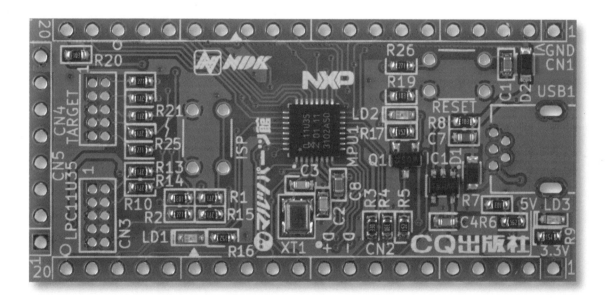

CQ出版社

まえがき

　平日はハードウェア設計の仕事に携わっていて，週末には手を動かしてモノ作りの楽しさを味わっているエンジニアも多いのではないでしょうか．さて，モノ作りもちょっと複雑な制御がしたくなったり，簡単なデバイスを使うにも通信が必要だったりと，マイコンのお世話になる場面が何かとあろうかと思います．しかし，マイコンのプログラミングにはなじみがなく，使ってみたいがちょっと面倒と感じてはいらっしゃいませんか．

　たしかに従来のマイコン開発では，まず開発ツールを自分のパソコンにインストールすることから始めなければなりません．最新版のソフトウェアの入手やライセンスの登録作業などわずらわしい作業が待ち構えています．また，マイコンを操作するには数百ページもある膨大なマニュアルを見ながら適切なレジスタに適切な値を書き込む必要があって，プログラムの制作にはちょっと手間が掛かります．今どき流行しているARMマイコンを使ってみたいと思っても，ちょっと尻込みをしている方々も多いのではないでしょうか．

　でも大丈夫！マイコン開発が誰でもサクッと簡単にできるようにと，ARM社によって新しい開発環境が考え出されました．それがmbed（エンベッド）と呼ばれるクラウド上のマイコン開発環境です．パソコンへのインストールは一切不要！Webページにアクセスするだけです．mbedライブラリを使用することでレジスタの設定も不要です．ハードウェアを最低限動かすための初期設定プログラムがすでに組み込まれていて，ユーザがコードを書く必要がありません．この機会に一人でも多くの方々が，mbedに興味をもっていただけたら幸いです．

　本書に付属しているARMマイコン基板TG-LPC11U35-501は「トラ技ARMライタ」と呼んでいます．32ビットCPU Cortex-M0とUSBインターフェース回路を内蔵するARMマイコンLPC11U35が搭載されています．トラ技ARMライタはmbedとしての使い方だけでなく，ファームウェアしだいでパソコンで制御できるUSB I/Oアダプタになったり，ARMデバッガになったりします．CMSIS-DAPと呼ぶファームウェアを書き込むと，ほとんどのCortex-M系ARMマイコンをデバッグできるようになります．とにかくいろいろ使ってみてください．

　本書は，「トランジスタ技術」2014年3月号，10月号の特集，および4月号，5月号，7月号の一般記事をベースに加筆してまとめたものです．末筆ながら特集記事および本書監修にあたりサポートしてくださったCQ出版社トランジスタ技術編集部の方々，またトラ技ARMライタの製作に多大なる協力を頂きましたマルツエレック㈱，NXPセミコンダクターズジャパン㈱，並びにmbed対応に協賛して頂きましたアーム㈱に厚く謝意を申し上げます．

2015年2月　島田 義人

目 次

まえがき ………………………………………………………………………………………… 2

イントロダクション
あるときはmbed，あるときはARMデバッガ，あるときはUSB I/Oアダプタ
マイコン開発入門の新定番!? トラ技ARMライタ誕生！ 島田 義人 ……… 7
至れり尽くせり！次世代の高速開発環境mbedに対応 ……………………………… 7
ARMデバッガ，USBアダプタ，さらに機能拡張も …………………………………… 14
[コラム] ダブルで本気のパソコンI/Oアダプタ開発 ……………………………………… 12

第1章
使い始める前にまずは知っておきたいこと
トラ技ARMライタの仕様とハードウェアの詳細 島田 義人 ………… 17
基本スペック …………………………………………………………………………… 18
トラ技ARMライタの仕上げ方 ………………………………………………………… 26
[コラム] USBにつなぐだけ！トラ技ARMライタは電源要らず ………………………… 27
[コラム] 至れり尽くせり！トラ技mbedエントリ・キット 編集部 …………………… 28

第1部 オンライン開発環境mbed導入編

第2章
部品と同じようにプログラムを選んでつなげば動いてくれる
誰でも簡単！サクッと系マイコンmbed事始め 大中 邦彦 ……………… 30
マイコン開発は相変わらず面倒くさい！自作する部分が多すぎる ……………………… 30
いいぞ！至れり尽くせりマイコン開発環境"mbed"見参 ……………………………… 32
うまい話の裏側…楽チン開発の理由① ………………………………………………… 33
うまい話の裏側…楽チン開発の理由② ………………………………………………… 37
うまい話の裏側…楽チン開発の理由③ ………………………………………………… 39
mbedディジタル温度計の製作①インスタンスの制作 ………………………………… 43
mbedディジタル温度計の製作②アプリケーション・プログラミング ……………… 44
理想郷を目指して…mbedの今後に期待 ………………………………………………… 48
[コラム] mbedディジタル温度計で書いたプログラムはたったの30行 …………………… 33
[コラム] mbedライブラリと指定ボードのミスマッチ …………………………………… 37
[コラム] 2択！ハードウェア制御に向いているのはどちら？ ……………………………… 40

第3章
ARM社やマイコン・メーカ各社の涙ぐましい支えがあってこそ
サクッと開発できるmbedのメカニズム 渡曾 豊政 ……………………… 49
うまい話には裏が…ご安心ください，ちゃんと理由があります ………………………… 50
mbedのソフトウェア開発環境 …………………………………………………………… 53
増殖中！31種類のmbed対応ボード ……………………………………………………… 57
パソコン-USB-マイコンの通信を実現する方法 ………………………………………… 57
mbed対応のマイコン基板は自炊できる…mbed HDKを使う …………………………… 62
[コラム] mbedで作ったC/C++ソース・コードは使い慣れたローカル環境でもコンパイルできる … 55
[コラム] mbed対応マイコン・ボードの本格オフライン・デバッグ ……………………… 60
[コラム] これがなきゃ始まらない！コンパイラとエディタのありか「Compilerページ」 …… 63

| Appendix 1 | クラウドで！ブラウザで！公式サイトdeveloper.mbed.orgの歩き方　渡曾 豊政 | 64 |

第4章　でき合いプログラムを書き込むだけ！
嘘みたい…mbedで10分Lチカ　島田 義人 …… 66
- ［準備1］ユーザ・アカウントを登録する …… 66
- ［準備2］mbed指定マイコン・ボードを選んで登録する …… 67
- ［動作確認］Lチカ・プログラムを作る …… 68
- コラム　トラ技ARMライタの3個のLEDは"L"で点灯 …… 71

第5章　GPIOよし！ PWMよし！ UARTよし！ USBよし！ 割り込みよ～し！
Lチカ以外も全部OK！ でき合いプログラムで即動　島田 義人 …… 72
- マイコンの周辺回路を動かす …… 72
- Lチカ・プログラムをインポートする …… 72
- 【テスト運転1】GPIO回路 …… 73
- 【テスト運転2】タイマ回路 …… 75
- 【テスト運転3】UART回路 …… 77
- 【テスト運転4】USB回路 …… 80
- 【テスト運転5】割り込み回路 …… 84
- 応用！ 割り込み回路＋タイマ回路を使った周波数カウンタ …… 85
- コラム　あれれ？オンライン・コンパイラはマウスでコピペができません …… 74
- コラム　マイコンが入力信号のH/L判定に要する時間を測定する定石テクニック …… 76
- コラム　コンパイル・エラーが出たらここを疑え！ …… 81
- コラム　どんなスイッチも切り替え直後は接点がバタバタする …… 85

第2部　電子工作応用編

第6章　血管の弾力性や心臓の拍動をパソコンでチェック！
LED＆光センサ一体ICで作る「指タッチUSB脈波計」　辰岡 鉄郎 …… 90
- 本器のあらまし …… 90
- 測定原理 …… 91
- ハードウェア …… 92
- ソフトウェア …… 93

第7章　24ビットA-D変換とソフトウェアLPFでほんのわずかな変化も逃さない
0.001℃分解能で気配もキャッチ！「超敏感肌温度計」　松本 良男 …… 97
- こんな装置 …… 97
- 本器の実力 …… 98
- ハードウェア …… 99
- ソフトウェア …… 101
- コラム　Raspberry Piのおまけソフトに注目！ 安価＆超高性能Mathematica電卓の勧め …… 104

第8章　電圧/温度/湿度/照度/気圧をA-D変換して無線で送信
スマホでチェック！ Bluetooth環境センサ・プローブ　島田 義人 …… 105
- STEP1：回路を組み立てる …… 106
- STEP2：LPC11U35のプログラムを作る …… 111

STEP3：スマホのアプリケーションを作る ……………………………………………………………… 116
STEP4：動かしてみる ……………………………………………………………………………………… 119
　コラム　しぶとい無線！ Bluetoothは通信が途切れにくい ………………………………………… 109
　コラム　Wi-FiとBluetoothが利用する2.4 GHz帯は大混雑 ………………………………………… 115
　コラム　気圧センサと高度の関係式 …………………………………………………………………… 122

第9章
画像データの抽出／蓄積／転送をCPLDで制御して10 fps出力を実現
レンズ付き撮像素子搭載！ SPI出力3 cm角のビデオ・カメラ　白阪　一郎 …… 123

製作したビデオ・カメラ・モジュールVCAMBのハードウェア ………………………………………… 124
キーパーツ ……………………………………………………………………………………………………… 125
イメージ・センサが出力する画像データのフロー制御回路 ………………………………………… 131
カラー・モニタ付きセキュリティ・カメラを試作 ………………………………………………………… 136
ソフトウェアの工夫だけで表示速度を上げる ………………………………………………………… 143
　コラム　イメージ・センサのデータ読み出しはできるだけ速く！ …………………………………… 132
　コラム　GPSから有機ELまで！ 3.4 cm角のモジュール・シリーズMARY ……………………… 140
　コラム　ハードウェアの工夫で表示速度を上げる …………………………………………………… 141

Appendix 2
付属基板「トラ技ARMライタ」で作るUSB-UART変換アダプタ　島田　義人 …… 145

第3部　デバッガ活用編

第10章
マイコンの中身が手に取るように見えてくる
プログラムの間違い発見器「デバッガ」を作る　内藤　竜治 …………………… 148

STEP1：USB-JTAG変換ファームウェアを書き込む …………………………………………………… 148
STEP2：トラ技ARMライタにターゲット・マイコンをつなぐ …………………………………………… 150
STEP3：電源電圧を確認する ……………………………………………………………………………… 150
STEP4：パソコン側の開発ツールLPCXpressoでデバッグ用プロジェクトを作る ………………… 151
STEP5：プログラムを修正する …………………………………………………………………………… 154
　コラム　もう一つのデバッグ用コネクタCN_4 ………………………………………………………… 151
　コラム　原因不明のエラー・メッセージ「Failed on connect：Ee(37)…」 ……………………… 154
　コラム　デバッガ機能のいろいろ ……………………………………………………………………… 155
　コラム　トラ技ARMライタはARMマイコンLPCシリーズの純正デバッガとピン配置互換　小野寺　康幸 ……… 156

第11章
NXP/ST/フリースケール…なんでも来い！ 全Cortex-M系ARMマイコン対応
開発ツールMDK-ARMで作る最強デバッグ環境　内藤　竜治 ………………… 157

MDK-ARMをインストールする …………………………………………………………………………… 157
ターゲット1：STマイクロエレクトロニクスのマイコン・ボード「STM32F3Discovery」 ……… 158
ターゲット2：フリースケール・セミコンダクタのマイコン・ボード「MKL25Z128VLK4」 ……… 160

第12章
A？R？M？マルチ・コア？メーカ？もう関係ない…
一人1台！ 全Cortex ARMマイコン対応デバッガのしくみ　内藤　竜治／木村　秀行 …… 162

ナンテ素晴らしい！ 全Cortex-M対応のデバッガを自作できる時代 ……………………………… 162
マイコンのデバッグ用インターフェースの歴史 ……………………………………………………… 163
JTAGがデバッグ専用に進化！ SWD誕生 ……………………………………………………………… 164
ARM専用のデバッグ・インターフェースADIv5誕生 ………………………………………………… 164

USB-JTAG/SWDインターフェース・ファームウェアCMSIS-DAPのしくみと働き ………… 167
　コラム 開発ツールLPCXpressoのCMSIS-DAPへの対応は道半ば　内藤　竜治 …………………… 163
　コラム SWDの前身Compact JTAGの欠点と改良　内藤　竜治 ………………………………… 165
　コラム ARM7/9時代のJTAGデバッグのしくみ　内藤　竜治 …………………………………… 166
　コラム 私のチョコット考察その①「SWDとcJTAG」　内藤　竜治 …………………………… 167
　コラム メーカ横断デバッガが作れるようになった背景　内藤　竜治 ………………………… 168
　コラム 私のチョコット考察その②「ADIv5とCoresight」　内藤　竜治 ……………………… 169

第13章 NGX社製ボード用に作られたCMSIS-DAPをトラ技ARMライタにチューニング
トラ技ARMライタ用デバッガ・ファームウェアができるまで　内藤　竜治／木村　秀行 … 170
　STEP1：CMSIS-DAPのカスタマイズの準備 ……………………………………………………… 170
　STEP2：CMSIS-DAPをトラ技ARMライタのハードウェアにチューニング ………………… 171
　STEP3：できあがったファームウェアをビルドする ………………………………………… 173

付属CD-ROMの説明 ………………………………………………………………………………… 174

著者略歴 ……………………………………………………………………………………………… 175

※本書は，「トランジスタ技術」2014年3月号と10月号の特集，および2014年4月号，5月号，7月号の一般記事をベースに加筆してまとめたものです．

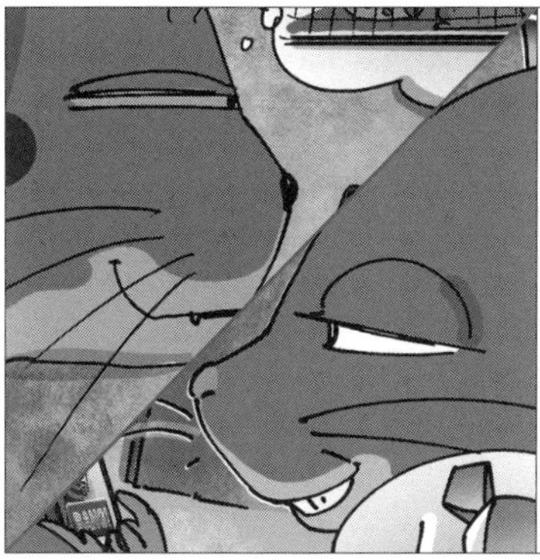

イントロダクション あるときはmbed, あるときはARMデバッガ, あるときはUSB I/Oアダプタ

マルチな奴！

マイコン開発入門の新定番!?
トラ技ARMライタ誕生!

島田 義人 Yoshihito Shimada

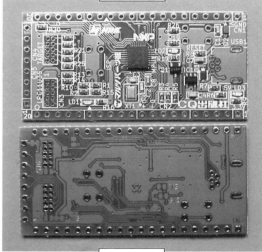

写真1 完成！トラ技ARMライタ
ファームウェアの入れ替えによって，デバッガになったりUSB-シリアル変換ボードになったり…

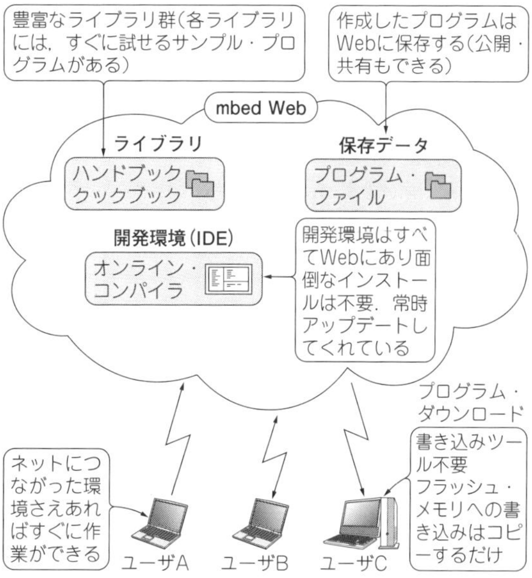

図1 mbedのプログラム開発環境

写真1に示すように，本書にはUSBマイコン基板が付属しています．この付属基板のことを「トラ技ARMライタ」と呼んでいます．トラ技ARMライタはオンライン開発環境mbedに対応したARMマイコンとして使えます．さらにファームウェアの入れ替えによって，ARMマイコンのデバッガ＆プログラム書き込み器や，USB-シリアル変換アダプタとしても使えます．まさにマイコン開発におけるエンジニア必携のアイテムです．

至れり尽くせり！次世代の高速開発環境mbedに対応

● マイコン開発がサクッとできるmbedとは

mbedは，ARM社が推進するビギナでも短時間で高機能なアプリケーションの試作を完了できるしくみです．図1に示すように，インターネット上のサーバ（http://developer.mbed.org/）にコンパイラなどの開発ツールがそろえてあり，ネットにつながった環境さえあればすぐに始められます．トラ技ARMライタはmbedに対応しています．「TG-LPC11U35-501」という名前でmbedプラットフォーム（mbedで利用できる指定マイコン基板）に登録されています（図2）．

それでは，mbedの世界を詳しく見ていきましょう．
▶特徴①：ソフトウェア開発環境のインストールは一切不要！

自分のパソコンにソフトウェア開発環境をインストールする必要は一切ありません．コンパイラやエディタはチームmbedが管理するサーバ上にあり，常にARM社よりメンテナンスされた最新のものが提供されています（図3）．そのため開発ツールのバージョンの違いで動作しないといった問題は起こりません．
▶特徴②：ソフトを一から作る必要なし！でき合いのライブラリを使ってアプリ開発に専念できる

図2 mbedプラットフォームに登録されているトラ技ARMライタ TG-LPC11U35-501

ハードウェアを最低限動かすための初期設定プログラムはmbedライブラリにすでに組み込まれており，ユーザがコードを一から書く必要はありません．1000ページ以上もある分厚いマニュアルを見なくても，シンプルな端子機能図を見ながらサクサクとプログラムを書き始めることができます．**図4**に示すように，少しコードを書くだけでプログラミングが完成します．

▶特徴③：9000超の出来合いプログラムが使い放題！

GPSやカメラなど魅力的なモジュールが簡単に手に

図3 常に最新の開発ツールがWEBブラウザ上で使える

入る時代です．ARM/mbedチームは制御プログラムの投稿サイト（開発コミュニティ）を運営しており，自分の作成したプログラムやライブラリを自由に公開しています．公開プログラムは自分のソフトウェア環境

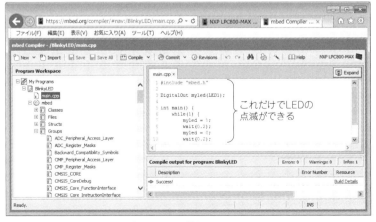

図4 mbedオンライン・コンパイラのページ例

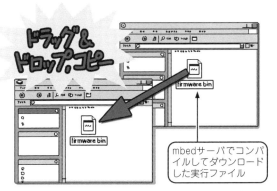
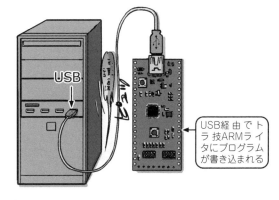

図5 特別な書き込みツールは不要！ドラッグ＆ドロップでプログラムが書き込める

にポチッとインポートすること（取り込むこと）で簡単に使えます．

▶特徴④：ARM純正コンパイラが使い放題！クリックするだけでバイナリが出力される

mbedのオンライン・コンパイラは，ARM社純正の「ARM Compiler version 5」です．mbedプラットフォーム用に無料で使えます．Cortex-Mプロセッサ・コアに最適化されたコードが生成され，バイナリ・ファイルはmbedサーバから，いつでもどこでもダウンロードできます．書き込みツールは不要です．フラッシュ・メモリへの書き込みはドラック＆ドロップでコピーするだけです（図5）．

▶特徴⑤：初心者も安心！盛んな開発コミュニティによるサポートが受けられる

mbedの開発や保守は，ARM社とMCUベンダおよびユーザによる開発コミュニティ全体で行われています．使い方や不具合の対応などの技術サポートは，ARM社だけでなく，経験のあるユーザが積極的に初心者をサポートするケースも増えています．オープンな開発コミュニティならではの大きな特徴です．

● mbedに対応したトラ技ARMライタで例えばこんなことが簡単にできちゃう

mbedプログラミングでは，Lチカ（LEDの点滅）やマイコンの主要回路も短時間で動かせます．マイコン基板周辺に部品やモジュールを付けて拡張した場合でも，でき合いのライブラリを利用すれば，いとも簡単に動かせちゃいます．ここで紹介した事例は，本書の各章で詳しく解説していきます．

▶その1：嘘みたい！mbedで10分Lチカ「第4章」

従来のプログラム開発環境では，Lチカをさせるにも2日を要していましたが，mbed環境ではなんと10分のチョッパヤでできちゃうんです．

まずは，ユーザ・アカウント登録［所要時間2分］，次にmbed指定マイコン・ボード「TG-LPC11U35-501」を選んで登録［所要時間2分］，そしてLチカ・プログラムを作る下記の五つのステップで完了です．［所要時間6分］

(1) 新規プログラムの生成
(2) プログラム・コードを用意
(3) バイナリ・ファイルの生成
(4) バイナリ・ファイルをターゲットへ書き込む
(5) 作成プログラムの動作確認

▶その2：Lチカ以外も全部！でき合いプログラムで即動「第5章」

mbedの公式サイトHandbookページには，マイコン内蔵の周辺回路を動かすための解説とサンプル・プログラムが用意されています．このサンプル・プログラムを使って，マイコンの主要回路であるGPIO回路とタイマ回路，UART回路，USB回路，割り込み回路を動かしてみます．それぞれ3～10分ほどで動作確認ができちゃいます．

▶その3：LED＆光センサ一体ICで作る指タッチUSB脈波計「第6章」（写真2）

赤色LEDを指先に当て，その反射光をフォトトランジスタで捉えることで，脈波を計測する装置が作れます．脈波を検知するセンサはLEDと一体化した反射型フォトリフレクタを使います．センサから取得した信号はトラ技ARMライタでA-D変換します．

データ処理にはmbedライブラリを使います．A-D変換データから脈波と脈拍数を検出する複雑なデータ処理も簡単なアルゴリズムでできます．また，測定結果をパソコンに送信したり，脈拍に応じてLEDとサウンダを鳴らしたりするプログラムもmbedライブラリを使えば簡単にできます．

▶その4：0.001℃分解能で気配もキャッチ！超敏感肌温度計「第7章」（写真3）

24ビットA-DコンバータICをトラ技ARMライタに接続すると高分解能な測定器が作れます．温度変化によるサーミスタのわずかな抵抗変化を検出できて，0.001℃の分解能で測定できるのです．

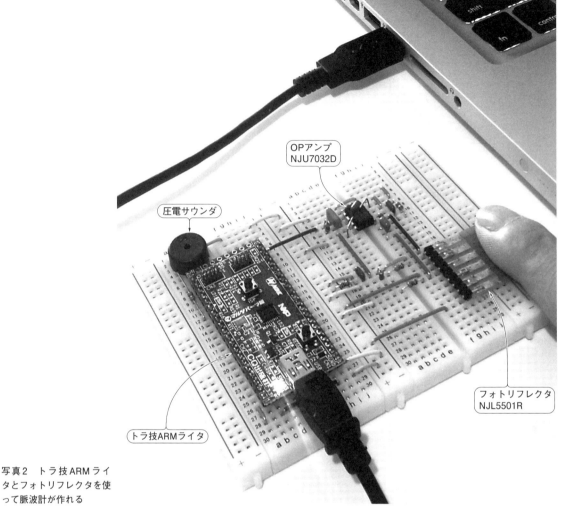

写真2 トラ技ARMライタとフォトリフレクタを使って脈波計が作れる

写真3 トラ技ARMライタとA-Dコンバータを使って分解能0.001℃の温度計が作れる

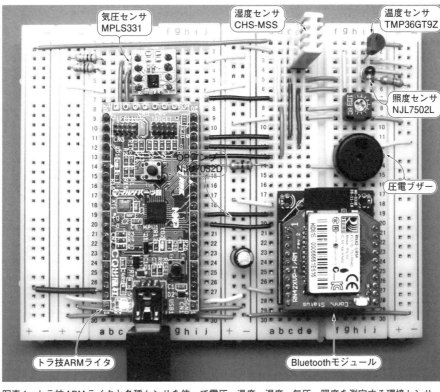

写真4 トラ技ARMライタと各種センサを使って電圧, 温度, 湿度, 気圧, 照度を測定する環境センサ・プローブが作れる

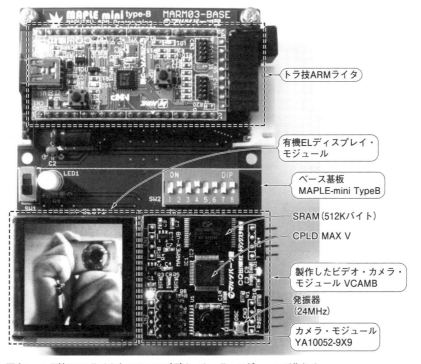

写真5 トラ技ARMライタとCPLDでビデオ・カメラ・モジュールが作れる

A-DコンバータICにより得られたディジタル・データは，mbedライブラリを使ってデータ処理します．レシオメトリックと呼ばれる電源電圧の変動に影響しない演算法や，抵抗値から温度値への変換，指数平均によるLPF処理などmbedライブラリを用いることでデータ処理が簡単にできます．

▶その5：スマホでチェック！Bluetooth環境センサ・プローブ「第8章」(**写真4**)

トラ技ARMライタのA-D変換機能を利用して電圧を測定したり，I²C対応のセンサを直結して温度や湿度，気圧，照度などを測定します．さらに，スマホを使ってトラ技ARMライタをBluetooth無線で制御し，計測結果をスマホのディスプレイに表示します．

製作したBluetooth環境センサ・プローブを使えば，

(1) 寒い冬に部屋の中で外気の温度がわかる
(2) 気圧の変化で台風の接近もわかる
(3) 太陽電池の野外テストもOK！(照度と出力電圧の関係がわかる)
(4) 離れた場所からサウナ室の温度＆湿度を測ることができる
(5) 計測結果を苗の育成に役立てる

などなど…あなた次第でバーッと応用範囲は広がっていくでしょう！

▶その6：レンズ付き映像素子搭載！SPI出力3cm角のビデオ・カメラ「第9章」(**写真5**)

シリアル・インターフェースのカメラ・モジュールとカラー有機ELディスプレイ・モジュールを使って，

ダブルで本気のパソコンI/Oアダプタ開発

付属のトラ技ARMライタに，もう1個トラ技ARMライタを追加接続すると，プログラム開発にとても便利なデバッガ付きターゲット・ボード(**写真A**)になります．一方を汎用マイコン・ボードとして，もう一方はCMSIS-DAPファームウェアを組み込んだデバッガ搭載ボードとして機能させます．すると，USBデータ通信とデバッグを同時に行えます．

図Aに基板間の接続を示します．

2個のトラ技ARMライタ上のUSBコネクタは，2台のパソコンと接続するか，または複数のUSBポートをもつパソコン1台と接続します．ターゲット側のトラ技ARMライタとのデータ通信は，Tera Termなどのターミナル・エミュレータを利用して行います．デバッガ側トラ技ARMライタのデバッ

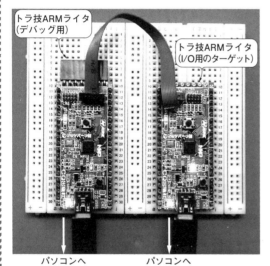

写真A デバッガ付きターゲット・ボード

写真B トラ技ARMライタのコネクタ

写真C コネクタ・ケーブル

(a) デバッガ側　　(b) ターゲット側

写真D コネクタ接続

トラ技ARMライタと組み合わせることでカラー・ビデオ・モニタが作れます．ぶれの小さいきれいな映像をとるため，CPLDを使ったハード制御でイメージ・センサの画像データを高速に読み出す工夫をしています．画像データの抽出から蓄積と転送をCPLDで制御して10 fps出力を実現しています．

● トラ技ARMライタからmbedを始めてみよう！
　トラ技ARMライタは，元祖mbedの異名をもつARM社のmbedマイコン・モジュール「mbed LPC1768」に互換性をもたせています．トラ技ARMライタにはイーサネットやCAN通信のような機能は持ち合わせていませんが，SPI，シリアル通信，I^2Cインターフェース，A-D変換，PWM出力など，マイコンのもつ主要な機能のピンの割り当てはほぼ同じです．トラ技ARMライタで作ったプログラムは，ほとんど変更せず簡単にmbed LPC1768へ乗り換えができます．本書で紹介するトラ技ARMライタを使った製作事例をLPC1768に差し替えた場合でもプログラムの移植が簡単にできます．

　mbed公式サイトには，その他にもmbed開発環境で利用できる指定マイコン基板(mbedプラットフォーム)が30種類以上も登録されています．その中でもトラ技ARMライタは，拡張ボードもいろいろとそろっています．まさにトラ技ARMライタはmbed入門に最適なマイコン・ボードなのです．この機会に是非トラ技ARMライタからmbedを始めてみませんか？

グは，開発ツールLPCXpresso IDEを使って行います．
　トラ技ARMライタ上のCN₃とCN₄(写真B)の接続には，1.27 mmピッチのJTAG 10ピン用コネクタ・ケーブル(写真C)を使います．「逆挿し」しないように慎重に作業してください．写真Dに示すように，各々，ケーブルの赤色側が1ピンになるように接続します．トラ技ARMライタやコネクタ・ケーブルなどの部品はすべてmarutsuで購入できます．

〈島田　義人〉

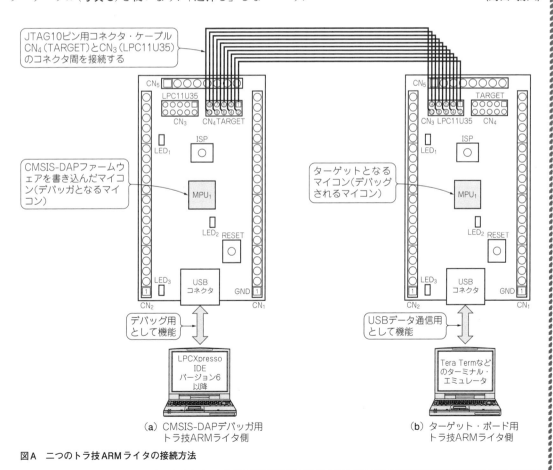

図A　二つのトラ技ARMライタの接続方法

ARMデバッガ，USBアダプタ，さらに機能拡張も

トラ技ARMライタは，ARMマイコン・ボードとしてはもちろんARMマイコンのデバッガやUSBシリアル通信ボードとしても使えます（図6）．

● ARMマイコンのデバッガ＆プログラム書き込み器

レジスタやメモリの内容などマイコン内部の状態を確認しながら，確実にプログラミングを進めていけるデバッガ・ボードとして利用できます（写真6）．昔はデバッガが何万円もしました．

ベテランはマイコンの内部の動作をイメージしながらプログラミングします．初心者にとって内部の動きをのぞけるデバッガはとても有効でしょう．プログラムが複雑になってくると，思いどおりにマイコンが動いてくれないことがあります．こんなとき，プログラムと内部回路の動きの対応が取れていないと解決しようがありません．文法の間違いなどの凡ミスを見つけて修正するときにもデバッガはとても頼りになります．

トラ技ARMライタは，CMSIS-DAPと呼ぶファームウェアを書き込むと，ほとんどのCortex-M系ARMマイコンをデバッグできるようになります．もちろん，ターゲット・マイコンのフラッシュ・メモリに，プログラムを直接ダウンロードできる書き込み器としても利用できます．

▶ターゲット・マイコンとの接続

トラ技ARMライタとターゲット・マイコンとのインターフェースは，JTAGまたはSWDです．

SWD（Serial Wire Debug）は，

- クロック（SWCLK）
- 双方向データ（SWDIO）

2本のインターフェースで，Cortex-M系ARMマイコンのデバッグに利用できます．トラ技ARMライタとARMマイコンはSWDで接続します．

JTAG（Joint European Test Action Group）はもともと，マイコンのデバッグだけでなく，プリント基板上にある複数のICどうしが電気的に接続されているかどうかを検査するためのインターフェースです．バウンダリスキャン・テストと呼びます．

● 汎用のUSBアダプタ

USBケーブルを介してUART通信ポートをもったモジュールや他のマイコンとシリアル通信ができます．

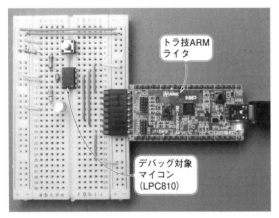

写真6　ARMマイコン（例えば8ピンDIPのLPC810）のデバッガ・ボードとしても使える

図6　トラ技ARMライタはいろいろ使える

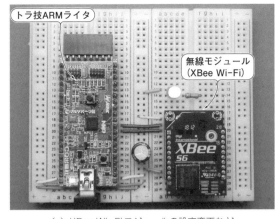

（a）XBee Wi-Fiモジュールの設定変更など

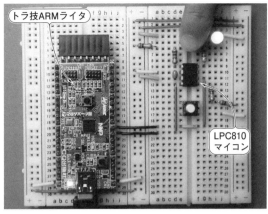

（b）8ピンDIPマイコンLPC810のプログラム書き込みやUART通信

写真7　USB-シリアル変換ボードとしても使える

パソコンからXBeeモジュールの設定を変更したり，例えば28ピンDIPマイコンLPC1114や8ピンDIPマイコンLPC810など他のマイコンにプログラムを書き込んだりできます（写真7）．つまり，USB-シリアル変換モジュールと同じ機能をもたせることができます．

● USB機能付きARMマイコン基板としても

トラ技ARMライタは，32ビットCPU Cortex-M0を搭載したARMマイコン基板としても使えます．開発環境は，本書の付属CD-ROMに収録されている開発環境LPCXpresso IDEバージョン6です．次のウェブサイトから最新版をダウンロードできます．

http://www.lpcware.com/lpcxpresso/downloads/windows

● 充実した拡張基板

トラ技ARMライタと組み合わせることができる拡張基板もいろいろとそろっています．

▶ユーザ・インターフェース学習基板UIEX（写真8）

拡張基板には，16桁2行液晶モジュールによる英数カナ文字の表示機能，タッチ式スライダ・スイッチ，地磁気/3軸加速度センサ，MicroSDカード・スロット，圧電スピーカを搭載しています．

▶カラー有機ELディスプレイ・モジュールやGPSモジュールなどを利用して学習できる拡張基板MAEX（写真9）

有機ELディスプレイ・モジュールやXBee無線モジュール，GPSモジュールなどMARYシリーズと呼ばれるモジュール（写真10）を最大2種類搭載すること

写真8　トラ技ARMライタの拡張ボード①…ユーザ・インターフェース学習基板UIEX（marutsu）

写真9　トラ技ARMライタの拡張ボード②…MARYモジュール拡張基板MAEX（marutsu）

（a）カラー有機ELディスプレイ・モジュール

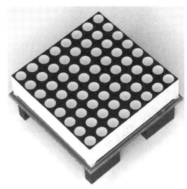
（b）2色マトリクスLEDモジュール

（c）XBee通信モジュール・アダプタ

（d）GPSモジュール

（e）音声入出力モジュール

（f）カメラ・モジュール

写真10　MAEX（写真9）と組み合わせることができる3.4cm角の小型モジュール・シリーズMARY（marutsu）

ができます．

▶モータ制御プログラミングの学習ができる拡張基板MEEX（**写真11**）

フォト・インタラプタやエンコーダ・プレート付きのモータが搭載されています．モータの回転をモニタして，狙いの速度にコントロールする実験学習が可能です．

写真11　トラ技ARMライタの拡張ボード③…モータ制御拡張基板MEEX（marutsu）

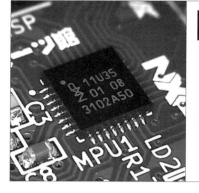

第1章 使い始める前にまずは知っておきたいこと

部品のはんだ付けも！

トラ技ARMライタの仕様とハードウェアの詳細

島田 義人 Yoshihito Shimada

　これから使用するトラ技ARMライタがどんなものであるのか，まずは最低限知っておきたいスペックと，基板の組み立て方を詳しく紹介していきます．基板の端子配置はARM社のmbedマイコン・モジュールとほぼピン・コンパチブル（ピン配列が同じ）で互換性に配慮されています．また，基板上には3種類のデバッガ用端子が設けられており，デバッガ専用ボードとしても十分実用的に使えます．

アドレス	領域
0xFFFF FFFF	予約済み
0xE010 0000	プライベート・ペリフェラル・バス（PPB）
0xE000 0000	予約済み
0x5000 4000	GPIO
0x5000 0000	予約済み
0x4008 4000	USB
0x4008 0000	APBペリフェラル
0x4000 0000	予約済み
0x2000 4800	2KバイトUSB RAM（LPC11U35/501）
0x2000 4000	予約済み
0x2000 0800	2KバイトSRAM1（LPC11U35/501）
0x2000 0000	予約済み
0x1FFF 4000	16Kバイト・ブートROM
0x1FFF 0000	予約済み
0x1000 2000	8KバイトSRAM0（LPC11U35）
0x1000 0000	予約済み
0x0001 0000	64Kバイト・オンチップ・フラッシュ・メモリ（LPC11U35）
0x0000 0000	

4Gバイト ～ 1Gバイト ～ 0.5Gバイト ～ 0Gバイト

APBペリフェラル

番号	機能	アドレス
31〜25	予約済み	0x4008 0000
24	GPIOグループ1割り込み	0x4006 4000
23	GPIOグループ0割り込み	0x4006 0000
22	SSP1	0x4006 C000
21〜20	予約済み	0x4005 8000
19	GPIO割り込み	0x4005 4000
18	システム制御	0x4004 C000
17	IOCON（入出力制御）	0x4004 8000
16	SSP0	0x4004 4000
15	フラッシュ/EEPROMコントローラ	0x4004 0000
14	PMU（パワー・マネジメント・ユニット）	0x4003 C000
13〜8	予約済み	0x4003 8000
7	A-Dコンバータ	0x4002 0000
6	32ビット・カウンタ/タイマ1	0x4001 C000
5	32ビット・カウンタ/タイマ0	0x4001 8000
4	16ビット・カウンタ/タイマ1	0x4001 4000
3	16ビット・カウンタ/タイマ0	0x4001 0000
2	USART/スマート・カード	0x4000 C000
1	WWDT（ウィンドウ付きウォッチ・ドッグ・タイマ）	0x4000 8000
0	I²Cバス	0x4000 4000
		0x4000 0000

割り込みベクタ	0x0000 00C0
	0x0000 0000

図2 トラ技ARMライタに搭載されているLPC11U35マイコンのメモリ・マップ

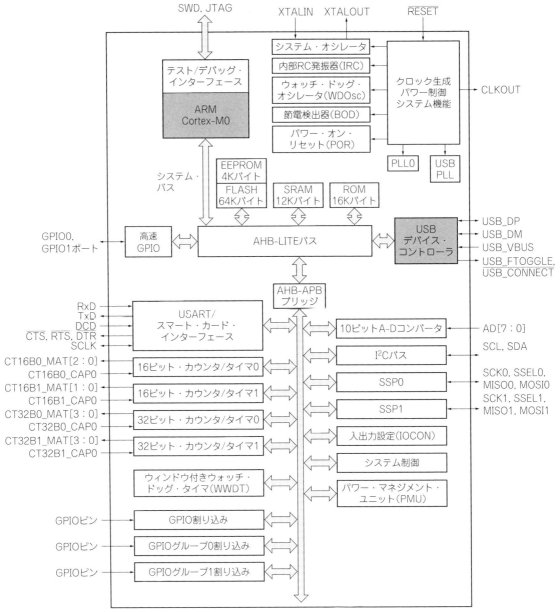

図1 トラ技ARMライタに搭載されているLPC11U35マイコンの内部ブロック図

基本スペック

● Cortex-M0コアとUSB通信回路を内蔵したマイコンを搭載

トラ技ARMライタに搭載されているLPC11U35マイコンのCPUコアは，ARM社のCortex-M0です．低コスト，低消費電力化を目指したCPUです．

図1にブロック図，図2(p.17)にメモリ・マップを示します．CPU周辺には次のような回路が用意されています．

- 10ビットA-Dコンバータ
- 16/32ビット・カウンタとタイマ
- UART，I^2C，SPIのシリアル通信回路

表1に示すように，LPC11U35マイコンにはUSB通信回路も内蔵しています．

● 回路構成

トラ技ARMライタの回路図を図3(p.20)に示します．LPC11U35マイコンのほとんどのピンがCN_1とCN_2端子に出ています．また，CN_3～CN_5の3種類のデバ

表1 付属基板に搭載されているマイコンLPC11U35FHI33/501の仕様

型名	LPC11U35FHI33/501	
シリーズ	LPC11U00	
CPU	ARM Cortex-M0（最大動作周波数50 MHz）	
デバッグ機能	シリアル・ワイヤ・デバッグ（SWD） JTAGバウンダリ・スキャンをサポート	
内蔵フラッシュ・メモリ	64 Kバイト	
内蔵RAM	12 Kバイト	
EEPROM	4 Kバイト	
割り込み制御	ベクタ割り込みコントローラ（NVIC），32要因	
GPIO	26本	
	プルアップ／プルダウンMOS，割り込み入力，5Vトレラント	
USB	USBオンチップ・ドライバ内蔵 USB 2.0フルスピード・デバイス・コントローラ	
汎用タイマ	16ビット・タイマ（CT16Bx）×2， 32ビット・タイマ（CT32Bx）×2	
WDT	内部リセット発生用ウォッチドッグ・タイマ	
シリアル通信	USART×1チャネル・スマートカード・インターフェースにも対応	
SPI	クロック同期式SPI×2チャネル	
I^2C	フルスペックI^2C×1チャネル	
アナログ入力	A-Dコンバータ 10ビット8チャネル	A-Dコンバータ 10ビット6チャネル
クロック制御	内蔵発振器（12 MHz），逓倍PLL回路	
パワー制御	3種類の低消費電力モード，パワー・オン・リセット回路内蔵	
電源電圧	1.8〜3.6 V単一電源	
パッケージ	HVQFN（ヒートシンク付き超薄型クワッド・フラット・ノーリード・パッケージ）	
本体サイズ	5×5×0.85 mm	
端子ピン数	33本（32本＋裏面パッド）	

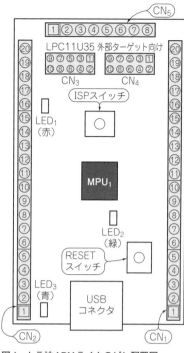

図4 トラ技ARMライタのピン配置図

(a) mbed LPC1768

(b) mbed LPC11U24

写真1 元祖mbedマイコン・モジュール
トラ技ARMライタはこれらの基板とピンの互換性をもっている

写真2 トラ技ARMライタのCN$_5$は純正のデバッガ LPC-LinkのJTAGインターフェースとピン・コンパチブル（ピン配列が同じ）

ッガ用の端子が基板上に設けられていて，デバッガ専用ボードとしても実用的に使えます．

● 端子機能

図4に端子配置を，表2〜表5に端子機能を示します．
▶CN$_1$とCN$_2$：mbedとの互換性に配慮

CN$_1$とCN$_2$の端子配置は，ARM社のmbedマイコン・モジュール（写真1）とほぼピン・コンパチブル（ピン配列が同じ）で端子機能に互換性をもたせています．トラ技ARMライタに実装されているLPC11U35マイコンはmbed LPC11U24の上位版なので，mbed

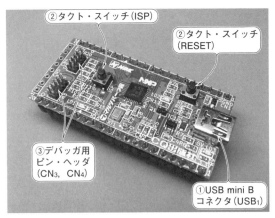

(a) 部品実装面側

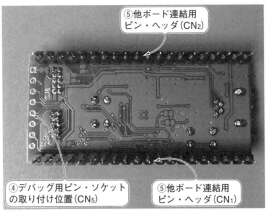

(b) はんだ面側

写真3 組み立て終えたトラ技ARMライタ
マイコン基板としてブレッドボードで使う場合は，スペースの都合から，デバッグ用ピン・ソケットCN5は取り付けないほうがよい

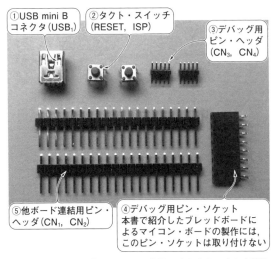

写真4 付属のトラ技ARMライタを取り出したらコネクタ類を取り付けて仕上げる(marutsuでも一式を発売中)

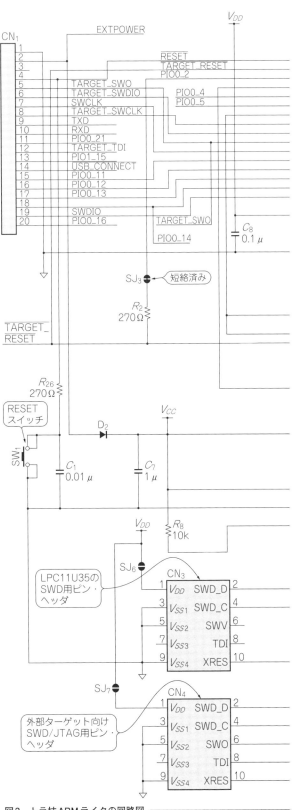

図3 トラ技ARMライタの回路図

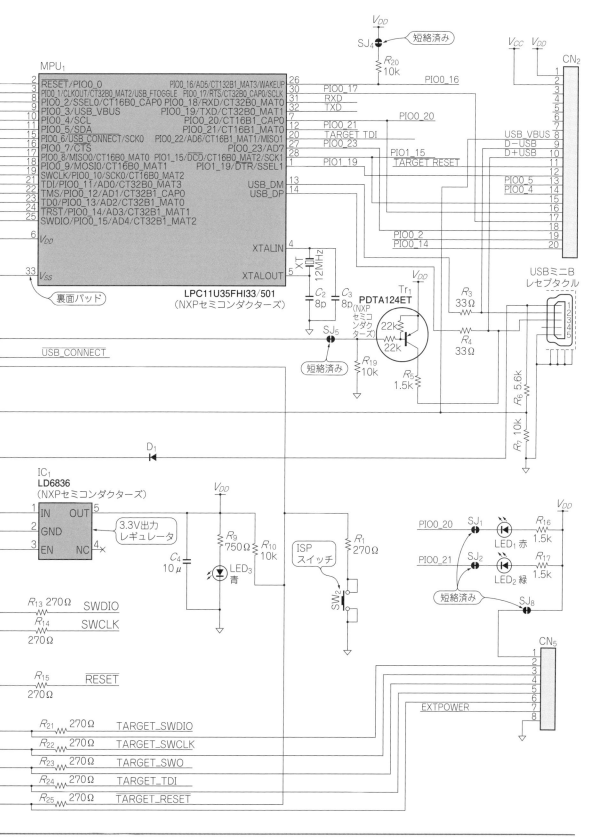

表2 トラ技ARMライタの他ボード連結用コネクタの説明

CN$_1$ピン番号	基板端子名	LPC11U35接続信号	説　明	LPC11U35接続ピン番号	備　考
1	GND	V_{SS}	グラウンド接続端子	33	
2	EXTPOWER	–	5V電源用入力端子	–	外部電源接続時に使用 CN$_5$-7ピンと導通
3	NC	–	未接続端子	–	
4	$\overline{\text{RESET}}$	RESET/PIO0_0	外部リセット入力端子，汎用入出力ポート	2	リセット・スイッチSW$_1$に接続
5	TARGET_SWO	PIO0_9/MOSI0/CT16B0_MAT1	汎用入出力ポート，SPI0マスタ・アウト・スレーブ・イン入出力ポート，16ビット・タイマ0マッチ出力ポート	18	ターゲット・デバッグ用SWOポート CN$_4$-6ピンに接続 CN$_5$-4ピンに接続
6	TARGET_SWDIO	PIO0_8/MISO0/CT16B0_MAT0	汎用入出力ポート，SPI0マスタ・イン・スレーブ・アウト入出力ポート，16ビット・タイマ0マッチ出力ポート	17	ターゲット・デバッグ用SWDIOポート CN$_4$-2ピンに接続 CN$_5$-2ピンに接続
7	SWCLK	SWCLK/PIO0_10/SCK0/CT16B0_MAT2	SWDクロック・ポート，汎用入出力ポート，SPI0シリアル・クロック入出力ポート，16ビット・タイマ0マッチ出力ポート	19	LPC11U35デバッグ用SWCLKポート CN$_3$-4ピンに接続
8	TARGET_SWCLK	PIO0_7/$\overline{\text{CTS}}$	汎用入出力ポート(高電流出力ドライバ)，UART CTS入力ポート	16	ターゲット・デバッグ用SWCLKポート CN$_4$-4ピンに接続 CN$_5$-3ピンに接続
9	TXD	PIO0_19/TXD/CT32B0_MAT1	汎用入出力ポート，UARTトランスミッタ出力ポート，32ビット・タイマ0マッチ出力ポート	32	
10	RXD	PIO0_18/RXD/CT32B0_MAT0	汎用入出力ポート，UARTレシーバ入力ポート，32ビット・タイマ0マッチ出力ポート	31	
11	PIO0_21	PIO0_21/CT16B1_MAT0	汎用入出力ポート，16ビット・タイマ1マッチ出力ポート	12	緑色LED(LED$_2$)に接続 SJ$_2$パターン・カットにて単独端子にできる
12	TARGET_TDI	PIO0_22/AD6/CT16B1_MAT1/MISO1	汎用入出力ポート，A-Dコンバータ入力ポート，16ビット・タイマ1マッチ出力ポート，SPI1マスタ・イン・スレーブ・アウト入出力ポート	20	ターゲット・デバッグ用TDIポート CN$_4$-8ピンに接続 CN$_5$-5ピンに接続
13	PIO1_15	PIO1_15/$\overline{\text{DCD}}$/CT16B0_MAT2/SCK1	汎用入出力ポート，UART DCD入力ポート，16ビット・タイマ0マッチ出力ポート，SPI1シリアル・クロック入出力ポート	28	CN$_2$-15ピンと導通
14	$\overline{\text{USB\_CONNECT}}$	PIO0_6/$\overline{\text{USB\_CONNECT}}$/SCK0	汎用入出力ポート，USBソフトウェア接続ポート，SPI0シリアル・クロック入出力ポート	15	USB機能回路に接続 SJ$_5$パターン・カットにて単独端子にできる
15	PIO0_11	TDI/PIO0_11/AD0/CT32B0_MAT3	テスト・データ入力ポート，汎用入出力ポート，A-Dコンバータ入力ポート，32ビット・タイマ0マッチ出力ポート	21	
16	PIO0_12	TMS/PIO0_12/AD1/CT32B1_CAP0	テスト・モード選択ポート，汎用入出力ポート，A-Dコンバータ入力ポート，32ビット・タイマ1キャプチャ入力ポート	22	
17	PIO0_13	TDO/PIO0_13/AD2/CT32B1_MAT0	テスト・データ出力ポート，汎用入出力ポート，A-Dコンバータ入力ポート，32ビット・タイマ1マッチ出力ポート	23	
18	PIO0_14	$\overline{\text{TRST}}$/PIO0_14/AD3/CT32B1_MAT1	テスト・リセット・ポート，汎用入出力ポート，A-Dコンバータ入力ポート，32ビット・タイマ1マッチ出力ポート	24	CN$_2$-20ピンと導通
19	SWDIO	SWDIO/PIO0_15/AD4/CT32B1_MAT2	SWD入出力ポート，汎用入出力ポート，A-Dコンバータ入力ポート，32ビット・タイマ1マッチ出力ポート	25	LPC11U35デバッグ用SWDIOポート CN$_3$-2ピンに接続
20	PIO0_16	PIO0_16/AD5/CT32B1_MAT3/WAKEUP	汎用入出力ポート，A-Dコンバータ入力ポート，32ビット・タイマ1マッチ出力ポート，ウェイク・アップ・ポート	26	V_{DD}とプルアップ抵抗R_{20}(10kΩ)に接続．SJ$_4$パターン・カットにて単独端子にできる

(a) CN$_1$端子

CN₂ ピン番号	基板端子名	LPC11U35 接続信号	説明	LPC11U35 接続ピン番号	備考
1	V_{DD}	–	3.3 V電源入出力端子	–	3.3 V電源供給端子 (注)出力電流 300 mA$_{max}$
2	V_{CC}	–	5 V電源出力端子	–	USBバス・パワー(5 V電源)供給端子
3	NC	–	未接続端子	–	
4	NC	–	未接続端子	–	
5	NC	–	未接続端子	–	
6	NC	–	未接続端子	–	
7	NC	–	未接続端子	–	
8	USB_VBUS	PIO0_3/USB_VBUS	汎用入出力ポート，USBバス・パワーのモニタ入力ポート	9	USBバス・パワーから抵抗分圧にて3.3 Vを供給
9	D – USB	USB_DM	USB D－ポート	13	
10	D + USB	USB_DP	USB D＋ポート	14	
11	$\overline{\text{TARGET\_RESET}}$	PIO0_1/CLKOUT/CT32B0_MAT2/USB_FTOGGLE	汎用入出力ポート，クロック出力ポート，32ビット・タイマ0マッチ出力ポート，USB 1 ms SOF信号出力ポート	3	ISPモード用スイッチSW₂に接続 ターゲット・デバッグ用リセット・ポート CN₄-10ピンに接続 CN₅-6ピンに接続
12	PIO1_19	PIO1_19/DTR/SSEL1	汎用入出力ポート，UART DTR出力ポート，SPI1スレーブ選択ポート	1	
13	PIO0_5	PIO0_5/SDA	汎用入出力ポート(オープン・ドレイン)，I²Cバス・オープン・ドレイン・データ入出力ポート	11	
14	PIO0_4	PIO0_4/SCL	汎用入出力ポート(オープン・ドレイン)，I²Cバス・オープン・ドレイン・クロック入出力ポート	10	
15	PIO1_15	PIO1_15/$\overline{\text{DCD}}$/CT16B0_MAT2/SCK1	汎用入出力ポート，UART DCD入力ポート，16ビット・タイマ0マッチ出力ポート，SPI1シリアル・クロック入出力ポート	28	CN₁-13ピンと導通
16	PIO0_20	PIO0_20/CT16B1_CAP0	汎用入出力ポート，16ビット・タイマ1キャプチャ入力ポート	7	赤色LED(LED₁)に接続 SJ₁パターン・カットにて単独端子にできる
17	PIO0_17	PIO0_17/$\overline{\text{RTS}}$/CT32B0_CAP0/SCLK	汎用入出力ポート，UART RTS出力ポート，32ビット・タイマ0キャプチャ入力ポート，USARTシリアル・クロック入出力ポート	30	
18	PIO0_23	PIO0_23/AD7	汎用入出力ポート，A-Dコンバータ入力ポート	27	
19	PIO0_2	PIO0_2/SSEL0/CT16B0_CAP0	汎用入出力ポート，SPI0スレーブ選択ポート，16ビット・タイマ0キャプチャ入力ポート	8	$R_2(270\Omega)$を介してPIO0_1に接続 SJ₃パターン・カットにて単独端子にできる
20	PIO0_14	$\overline{\text{TRST}}$/PIO0_14/AD3/CT32B1_MAT1	テスト・リセット・ポート，汎用入出力ポート，A-Dコンバータ入力ポート，32ビット・タイマ1マッチ出力ポート	24	CN₁-18ピンと導通

(b) CN₂端子

表3 トラ技ARMライタのLPC11U35デバッグ用コネクタCN_3の説明

CN_3 ピン番号	基板端子名	接続信号	説明	LPC11U35 接続ピン番号	備考
1	V_{DD}	–	3.3 V電源出力端子	–	SJ_6パターン・ショートにて 3.3 V電源供給可 (注)出力電流300 mA_{max}
2	SWD_D	SWDIO	SWD入出力ポート	25	LPC11U35デバッグ用 SWDIOポート CN_1-19ピンに接続
3	V_{SS1}	V_{SS}	グラウンド接続端子	33	
4	SWD_C	SWCLK	SWDクロック・ポート	19	LPC11U35デバッグ用 SWCLKポート CN_1-7ピンに接続
5	V_{SS2}	V_{SS}	グラウンド接続端子	33	
6	SWV	–	未接続端子	–	
7	V_{SS3}	–	未接続端子	–	
8	TDI	–	未接続端子	–	
9	V_{SS4}	V_{SS}	グラウンド接続端子	33	
10	XRES	$\overline{RESET}$	外部リセット入力端子	2	LPC11U35 RESETに接続

表4 トラ技ARMライタのデバッグ用(ターゲット側)コネクタCN_4の説明

CN_4 ピン番号	基板端子名	接続信号	説明	LPC11U35 接続ピン番号	備考
1	V_{DD}	–	3.3 V電源出力端子	–	SJ_7パターン・ショートにて 3.3 V電源供給可 (注)出力電流300 mA_{max}
2	SWD_D	TARGET_SWDIO	ターゲット・デバッグ用 SWD入出力ポート	17	CN_1-6ピンに接続 CN_5-2ピンに接続
3	V_{SS1}	V_{SS}	グラウンド接続端子	33	
4	SWD_C	TARGET_SWCLK	ターゲット・デバッグ用 SWDクロック・ポート	16	CN_1-7ピンに接続 CN_5-3ピンに接続
5	V_{SS2}	V_{SS}	グラウンド接続端子	33	
6	SWO	TARGET_SWO	ターゲット・デバッグ用 SWOポート	18	CN_1-5ピンに接続 CN_5-4ピンに接続
7	V_{SS3}	–	未接続端子	–	
8	TDI	TARGET_TDI	ターゲット・デバッグ用 TDIポート	20	CN_1-12ピンに接続 CN_5-5ピンに接続
9	V_{SS4}	V_{SS}	グラウンド接続端子	33	
10	XRES	$\overline{TARGET\_RESET}$	ターゲット・デバッグ用 リセット・ポート	3	ISPモード用スイッチSW_2に接続 CN_2-11ピンに接続 CN_5-6ピンに接続

ライブラリでコンパイルしたいていのプログラムが動きます．

▶CN_3, CN_4, CN_5：自分自身とターゲットのデバッグ用

CN_3はSWD用端子です．トラ技ARMライタ上のLPC11U35マイコンのプログラムをデバッグするときに利用します．CN_4とCN_5は，トラ技ARMライタをデバッガ・ボードとして使うときに利用する端子です．

写真5 USBコネクタを挿入する
USBミニBレセプタクル

(a) 上から　　(b) 下から

写真6 トラ技ARMライタに取り付けるUSBコネクタ

表5 トラ技ARMライタ基板のデバッグ用（ターゲット側）コネクタCN_5の説明

CN_5ピン番号	基板端子名	接続信号	説明	LPC11U35接続ピン番号	備考
1	V_{DD}	–	3.3 V電源出力端子	–	3.3 V電源供給可 （注）出力電流 300 mA_{max} SJ_8パターンカットにて未接続
2	SWD_D	TARGET_SWDIO	ターゲット・デバッグ用SWD入出力ポート	17	CN_1-6ピンに接続 CN_4-2ピンに接続
3	SWD_C	TARGET_SWCLK	ターゲット・デバッグ用SWDクロック・ポート	16	CN_1-7ピンに接続 CN_4-4ピンに接続
4	SWO	TARGET_SWO	ターゲット・デバッグ用SWOポート	18	CN_1-5ピンに接続 CN_4-6ピンに接続
5	TDI	TARGET_TDI	ターゲット・デバッグ用TDIポート	20	CN_1-12ピンに接続 CN_4-8ピンに接続
6	XRES	$\overline{TARGET\_RESET}$	ターゲット・デバッグ用リセット・ポート	3	ISPモード用スイッチSW_2に接続 CN_2-11ピンに接続 CN_4-10ピンに接続
7	EXTPOWER	–	5 V電源用入力端子	–	外部電源接続時に使用 CN_1-2ピンと導通
8	GND	V_{SS}	グラウンド接続端子	33	

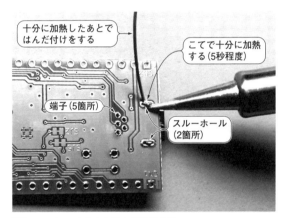

写真7 USBコネクタのはんだ付け方法

写真8 タクト・スイッチ

写真9 タクト・スイッチの端子が長いのではんだ付け後にカットしておく

写真10 デバッガ用ピン・ヘッダ（CN_3, CN_4）

CN_4は1.27 mmピッチのJTAG 10ピン用コネクタとピン・コンパチブル（ピン配列が同じ）です．
▶NXPセミコンダクターズの純正デバッガとピン・コンパチブル（ピン配列が同じ）

CN_5のピン配列（8ピン）は，LPC-Link［**写真2**，LPCXpresso評価ボードのデバッガ部］とピン・コンパチブル（ピン配列が同じ）です．

写真11 デバッガ用ピン・ソケット
トラ技ARMライタをブレッド・ボードで使う場合は，取り付けない

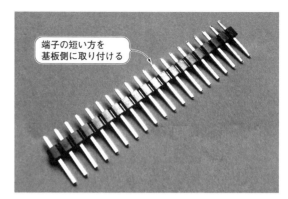

写真12 他ボードとの連結用に使う20ピン・ヘッダ

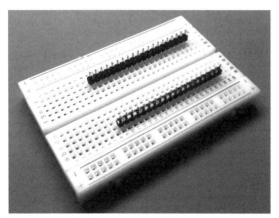

写真13 ブレッドボードでピン・ヘッダを垂直に固定する

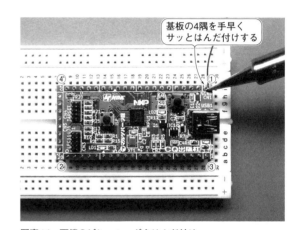

写真14 両端のピン・ヘッダをはんだ付け
ブレッドボードはあまり耐熱性がないので，はんだ付け箇所は必要最小限の4箇所に留める．残りのピンはブレッドボードから外してはんだ付けする

トラ技ARMライタの仕上げ方

トラ技ARMライタにはスイッチやコネクタ，ピン・ヘッダなどの部品が取り付けられていません．写真3 (p.20)に組み立て済みの基板を示します．

本書に付属する部品一式(写真4, p.20)はmarutsuでも購入できます．

http://www.marutsu.co.jp/

次の順番ではんだ付けするときれいに仕上がります．

● はんだ付け1：USB mini Bコネクタ(USB_1)

写真5に示すように，USB mini Bコネクタ(写真6)を基板に実装します．

コネクタ本体が十分に温まるまで5秒ほど加熱します．温まったら2箇所のスルーホールにはんだを流し込み，コネクタ本体を先に固定します(写真7)．最後にはんだ面側からコネクタの5箇所ある端子をはんだ付けします．

● はんだ付け2：タクト・スイッチ(RESET, ISP)

タクト・スイッチ(写真8)を基板に実装します．端子が少し長いので，はんだ付けをしたあとでニッパで短く切り落とします(写真9)．

● はんだ付け3：デバッグ用ピン・ヘッダ(CN_3, CN_4)

デバッグ用のピン・ヘッダ(写真10)を基板の2箇所(CN_3, CN_4)に実装します．ピン・ヘッダは1.27 mmピッチの10ピンです．

● はんだ付け4：デバッグ用ピン・ソケット(CN_5)

デバッグ用のピン・ソケット(写真11)です．CN_5に取り付けます．製作物によっては，ブレッドボードのスペースの都合上，トラ技ARMライタにCN_5は取

USBにつなぐだけ！トラ技ARMライタは電源要らず

　トラ技ARMライタは，USBコネクタに5V（USBバス・パワー）を加えると動き出します．パソコンとのデータ通信と電源供給を1本のケーブルで済ませることができます．

　LPC11U35マイコンは3.3Vで動作するので，トラ技ARMライタには，5Vを3.3Vに変換する電源レギュレータLD6836（写真A，NXPセミコンダクターズ）が搭載されています．最大300mAの電流を取り出すことができ，電源出力端子（CN_2の1番ピン）から外付け回路に電流を供給できるようになっています．

　LD6836は，最大出力の300mAを出力しても0.1Vしか電圧が降下せず，出力電圧がとても安定しています．雑音も低く，センサ回路などノイズが気になる用途にも利用できます．　〈島田　義人〉

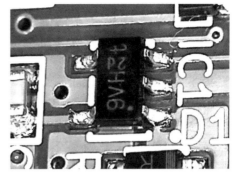

写真A　トラ技ARMライタにはUSBバス・パワーで動くように電源IC（LD6836）が搭載されている

り付けません．

● はんだ付け5：連結用ピン・ヘッダ（CN_1，CN_2）

　CN_1とCN_2に20ピンのピン・ヘッダ（写真12）を取り付けます．

　他の基板との連結用なので，傾いたままはんだが固まると組み合わせるコネクタにうまく入らなくなります．傾かないように慎重にはんだ付けしてください．

　ブレッドボードにピン・ヘッダを挿入して固定しておくと，はんだ付けしやすくなります（写真13）．ブレッドボードは耐熱性がないので，はんだ付け箇所は必要最小限（基板の四隅のピン）に留めます（写真14）．

　ピン・ヘッダの両端（1番と20番ピン）が基板としっかり固定していれば部品は傾きません．あとは，ブレッドボードからピン・ヘッダを離してから残りのピン全体をはんだ付けします．

◆参考文献◆

(1) 島田　義人：ARM32ビット・マイコン　トランジスタ技術，2012年10月号，CQ出版社．
(2) 島田　義人：はんだ付けから始めるマイコン開発　トランジスタ技術，2012年11月号，CQ出版社．
(3) 島田　義人ほか：ARM32ビット・マイコン電子工作キット，2013年5月，CQ出版社．
(4) NXPセミコンダクターズ社ウェブサイト．
　http://www.nxp-lpc.com/

至れり尽くせり！トラ技mbedエントリ・キット
トラ技ARMライタ＋PDF解説150ページ！

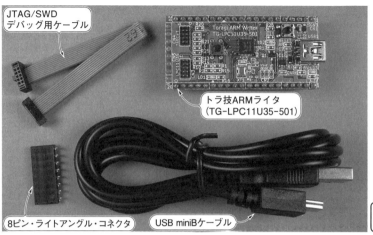

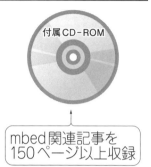

写真1 mbedを始めるのに必要なものが全部入っている

　mbedを始めるのに必要なものが全部入っている「トラ技ARMライタ(TG-LPC11U35-501)」のキットがあります(**写真1**)．

▶ポイント① 超速mbed体験！ 本書とパソコンに接続したトラ技ARMライタで基本的な使いこなしを習得できます．

▶ポイント② トラ技ARMライタはmbedインターフェース・チップになれる！ 他のmbedと組み合わせれば，書き込み/デバッグ可能なmbedプラットフォームになります．

▶ポイント③ mbedの解説記事150ページ超！書き下ろし製作記事3本ほか，mbed関連の記事を収録したCD-ROMが付属します．

▶ポイント④ **図1**の公式サイトdeveloper.mbed.orgのCQ出版社専用ページでプログラムを公開！［Import］ボタンをクリックするだけで，でき合いのソース・コードをGETできます．

▶ポイント⑤ mbed関連情報は，**図2**の「mbedの部屋」に掲載しています．ぜひ，チェックしてください．

【本キットに含まれるもの】
▶トラ技ARMライタ・セット
- トラ技ARMライタ　1枚(**部品実装済み**)
- USB miniBケーブル　1本
- JTAG/SWDデバッグ用ケーブル　1本
- 8ピン・ライトアングル・コネクタ　1個

▶CD-ROM 1枚　約150ページの解説記事を収録
- トランジスタ技術2014年10月号特集記事＆ソフトウェア一式
- 書き下ろし製作記事　3本
- その他mbed関連記事

価格：3,500円＋税

図1 公式サイトmbed.org内のCQ出版社専用ページ．誌面で紹介したプログラムを公開予定
http://developer.mbed.org/teams/CQ-Publishing/

図2 mbed関連の情報はココでチェック！
http://toragi.cqpub.co.jp/tabid/735/Default.aspx

第1部
オンライン開発環境 mbed 導入編

アナログ屋に朗報

第2章 部品と同じようにプログラムを選んでつなげば動いてくれる

誰でも簡単！ サクッと系マイコン mbed 事始め

大中 邦彦 Kunihiko Ohnaka

図1 星に願いを…チョコッとデジモノ作りをする週末を過ごしたい

マイコン開発は相変わらず面倒くさい！ 自作する部分が多すぎる

● 実はありがたいこと…電子部品はメーカが性能や機能を全部作り込んでくれているからつなげば動く

　子どものころ，組み立て式のブロックのおもちゃ（レゴ・ブロックなど）で遊ぶのがとても楽しかったのを思い出します．何の変哲もない小さなブロックどうしをくっつけていくと部屋ができ，部屋どうしをつなげると家ができ，もっと大きくしてお城を作ったり，手持ちのブロックがなくなるまでくっつけて遊びまくりました．

　電子工作の楽しさは，ブロックのおもちゃの楽しさに似ています．抵抗，コンデンサ，トランジスタ，OPアンプなどはどれも一つだけでは意味がありませんが，それらをつないでいくと少しずつ意味をもって

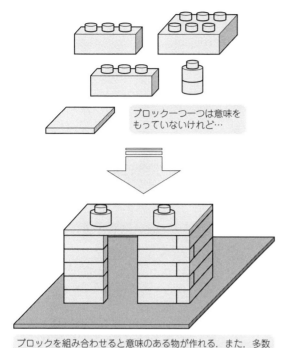
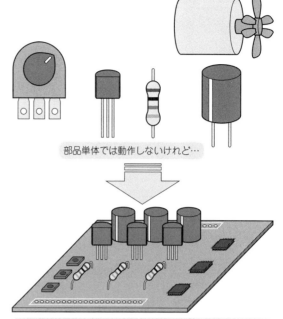

(a) あのレゴ・ブロック　(b) 電子工作

図3　レゴ・ブロックや電子工作はつなぐだけで遊べるところがいいんだよなぁ

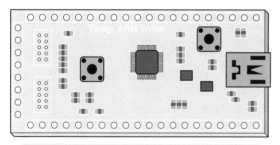

マイコン基板にすべての部品を実装して電源を入れても，そのままじゃ動かない．プログラムを書いてマイコンに書き込まなければならない．手間がかかって嫌

図2　マイコンはデジモノを作れるから魅力的だけど組み立てただけじゃダメ

いきます．できたものをつなぎ合わせていけば，より大きく複雑な動きをするものを作ることができます．新しい部品が手に入ると「どうやってつなごうかなぁ」とワクワクしたものです．

● マイコンのプログラムはメーカがお膳立てしてくれていない

　一方，マイコンという部品は厄介です．マイコン・ボードは，抵抗やコンデンサなど，必要な部品を全部はんだ付けしても，それだけでは動作しません．なぜなら，マイコンを動かすにはプログラムを書き込む必要があるからです（図1）．

　このプログラムがまた曲者です．ちょっとしたことがしたいだけなのに，何百行ものプログラムを書かなければなりません．書き方をちょっと間違えているだけでまったく動かないこともしばしばです．原因を探るのも一苦労です．

　プログラムは非常に自由度が高くいろいろなことができますが，反面，1から10まで自分で面倒を見なければなりません．自由さが逆にデメリットになっているのです（図2）．

　そんなときはいつも「ブロックのおもちゃのように小さな部品を組み合わせるだけでプログラムが作れたらいいのに」と思ってしまいます（図3）．

● チーム "mbed" 始動

　mbedは，そんな願いを叶えるべくARM社によって考え出された「上げ膳据え膳マイコン開発環境」です．

　ブロックのおもちゃを思い出してみると，ブロックどうしは穴の位置を合わせないとくっつかないのに，「それが不自由だ」と感じることはありませんでした．むしろ「人の頭の上に花を咲かせてみよう」など，ちょっと変わった接続のしかたを見つける楽しみもありました．このように一見関係ない部品どうしでもうまく接続することができたのは，各パーツのサイズがう

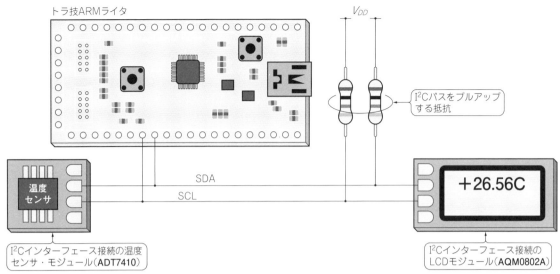

図4 マイコンが使えるようになったら例えばディジタル温度計を作ってみたい

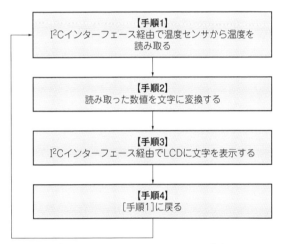

図5 ディジタル温度計のマイコンにやらせたい仕事はたったこれだけなのに，やれそうでやれないのがマイコン

まく調整されていたためです．

mbedでは，さまざまな角度からマイコン開発に必要なお膳立てがしてあるため，まるでブロックのおもちゃのように「簡単にくっつけられて，それでいて不自由に感じない」世界が作られています．mbedがどのようにしてそれを実現しているのか，詳しく見ていきましょう．

いいぞ！至れり尽くせりマイコン開発環境 "mbed" 見参

● これまでのプログラム開発の問題点を整理

図4に示すのは，マイコンに温度センサとLCDを繋いで作った温度計です．温度センサとLCDはマイコンのI²Cインターフェースを利用して接続されています．

このシステムを動かすプログラムは図5のようになります．このくらいのシンプルなプログラムだったらすぐに書けそうですが，実際にはなかなかそうはいきません．次のように多くの準備が要ります．

[課題1] マイコンの種類ごとに仕様が異なるため，それぞれの違いを調べる
[課題2] マイコンのペリフェラル（周辺回路）を使うために必要な処理を調べて，プログラムを準備する
[課題3] プログラムを書いたりコンパイルする開発環境をパソコンにセットアップする
[課題4] 電子部品を選んで回路とプリント基板を設計してマイコン・ボードを製作する
[課題5] プログラムをマイコンに書き込むための機材を用意する

これらの準備ができたらようやく，温度計本体のプログラムを書き始めることができます．これらの準備を一つずつクリアしていく必要があるので，どうしても難しく感じます（図6）．

● でき合いのプログラムとボードが用意された上げ膳据え膳マイコン・ワールド目指して

これらの課題を克服するために，ARM社はmbedという上げ膳据え膳開発環境を用意しました．この開発環境には次のような工夫がされています．

- マイコンの種類ごとに異なる仕様を隠蔽するためのライブラリを用意
- マイコンのペリフェラルを扱うためのC++言語によるクラス・ライブラリを用意し，まるで部品を組み立てるかのようにプログラムが書ける
- 開発環境をクラウド・サービスとして提供し，

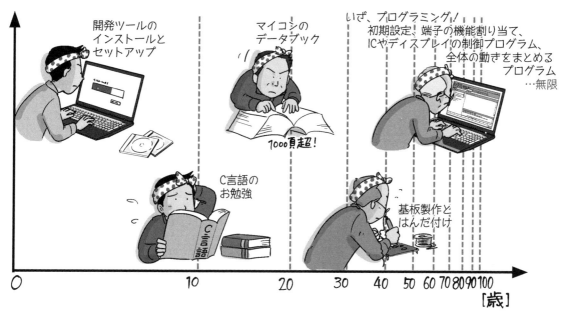

図6 今のマイコン開発は生き地獄…俺の一生を返してほしくなる

- Webブラウザの中だけでプログラムが書ける
- ボードの端子機能が決め打ちされているARM社指定のマイコン・ボードを各種用意している
- マイコンへのプログラムの書き込みも、ファイルのドラッグ＆ドロップ・コピーの操作でできる

うまい話の裏側…楽チン開発の理由①

ARM社は，いったいどうやって上げ膳据え膳環境を実現したのでしょうか？

■ ARM，マイコン・ベンダ，ボード・メーカ，電子部品メーカ，私たちユーザの5人が役割分担！階層化されたソフトウェア

● 私たちがアプリケーションのプログラミングに集中できるように

図7は，mbedで作られたマイコン・システムのソフトウェアのアーキテクチャを示しています．

一番下は，マイコンを作っている半導体ベンダが製

---

mbedディジタル温度計で書いたプログラムはたったの30行
上げ膳効果はナント1/30

mbedはマイコン開発に必要なお膳立てが揃っているため，プログラムの開発がとても楽になっています．実際，お膳立てによってどのくらいプログラムが短く済んでいるのか，今回作ったmbedディジタル温度計で数えてみたところ，次のようになりました．

- mbedのアプリケーション部（書かねばならない部分）：30行
- mbedのお膳立て部：902行

902行のお膳立て部の内訳は次のとおりです．

- コンポーネント・ライブラリ（温度センサ）：84行
- コンポーネント・ライブラリ（LCD）：147行
- mbed SDK（I2Cクラス）：236行
- mbed HAL（I2C API）：435行

お膳立て部902行に対して，アプリケーション・プログラムはわずかに30行で，その差はなんと30倍です．mbedのお膳立てのおかげで，書かなければいけないプログラムの量が1/30に減ることもあるわけです．

CMSIS-COREの部分は，他の開発環境でもある程度提供されているため，上記比較には含めませんでしたが，数えてみたところ2000行近くありました．いずれにしても，従来のマイコン・プログラミングと比べて，mbedのプログラミングが実際に省力化されていることがわかります．　　　〈大中 邦彦〉

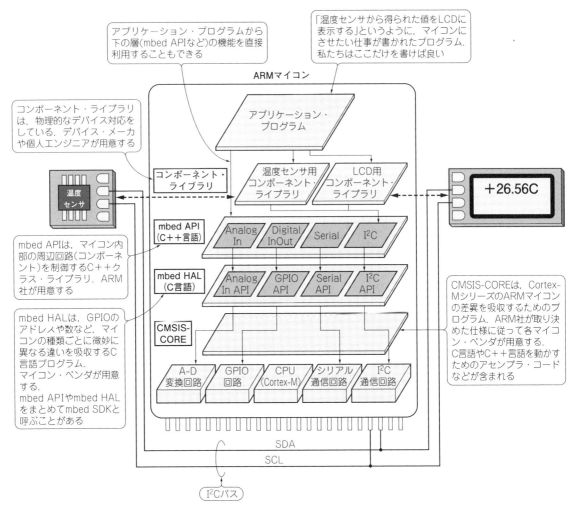

図7 上げ膳据え膳マイコン環境mbedのソフトウェアは階層構造になっている

作を担当する物理的な回路です．MPU(CPU)とその周辺回路などがあります．その上にはマイコン上で動くプログラムがあり，MPUがプログラムを実行することでマイコンが機能します．

図7ではそれらのプログラムを役割ごとに複数の層に分けて描いています．上から順に見ていきましょう．一番上のアプリケーション・プログラムの部分には，マイコンにさせたい仕事がプログラムとして書かれています．

前出のmbedディジタル温度計で出てきた，図5がまさにアプリケーション・プログラムです．

● 書かなければならないプログラムはできるだけ短く！ 従来私たちが自作していた面倒な下ごしらえはメーカやエンジニア仲間がやってくれる

本来，技術者の皆さんが書きたいプログラムはこの部分だけなのですが，これを動かすためには，その下に書かれているプログラムが必要です．

今までのマイコン開発ではこういった多くの部分を自分で用意したり，パラメータを調整したりする必要がありました．マイコン開発に必要な準備の［課題1］や［課題2］の部分です．

mbedは，この部分を最初から用意して使えるようにしてくれているため，私たちは自分で作る必要がありません．

私たちは，数行～数十行，長くても100行程度のアプリケーション・プログラムの作成に注力すれば良いのです．これなら，サクサクと気持ちよくやりたいことを書き進めることができます．

■ メーカやエンジニア仲間がおもてなし！
  アプリケーション以下の四つの層

上げ膳据え膳が実現されている理由は，アプリケーション・プログラムの下の層に見つけることができます．各層には，メーカや個人のエンジニアの並々ならぬ努力が込められています．

図8 mbedの公式サイト(developer.mbed.org)には部品(コンポーネント)専用のでき合い制御プログラムがたくさん置いてある

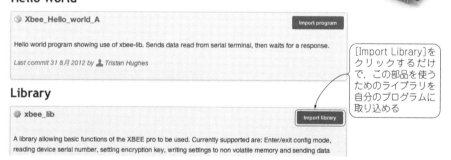

図9 ［Import Library］ボタンをクリックするだけで，マイコンにつないだ部品を制御できるでき合いの専用プログラムをGETできる

①コンポーネント・ライブラリ層（ARM，電子部品メーカ，個人が作成）

温度センサやLCDのようにmbedマイコンに接続して使う部品をmbedコンポーネントと言います．これらを使うためにはその仕様に沿って作られた制御プログラム群が必要です．これをコンポーネント・ライブラリと言います．

図8はmbedのサイトにあるmbedコンポーネント一覧のページです．ここには普段よく使う部品が多数登録されていて，mbedマイコンから利用するために必要なコンポーネント・ライブラリやサンプル・プログラムが用意されています．図9に示すように利用したいライブラリを見つけて［Import Library］ボタンをクリックするだけで使えるようになります．

これらのコンポーネントはARM社，部品メーカ，世界中のエンジニア(mbedファン)の手によって作られていて，その数は日々増しています．

②mbed API層（ARMが設計し実装する）

コンポーネント・ライブラリの下に書かれているの

はmbed APIです．

mbed APIはC++言語で書かれたプログラム群（後述のクラスの集合体）で，ARM社が設計と実装をしています．

例えば，mbed APIのAnalogInというクラス（ライブラリ）を利用すると，マイコンのA-Dコンバータの機能を利用して，アナログ値を取り込むことができます．他にもタイマ，シリアル通信回路，I²Cインターフェースなど，マイコンのもつほぼすべての機能を使うためのAPIが用意されています．

mbed APIはC++という言語で作られています．C++を使うと，まるでレゴ・ブロックをつないで操作するイメージをもちながら，アプリケーション・プログラムを書くことができます（後述）．

▶ アプリケーション・プログラムとコンポーネント・ライブラリを作るときに利用される

mbed APIは，コンポーネント・ライブラリからも利用されます．

例えば，温度センサはI²Cインターフェースを経由して接続されているため，温度センサ・コンポーネント・ライブラリはI²CインターフェースのAPIであるI²Cクラスを利用してデバイスと通信しています．

③mbed HAL層（マイコン・ベンダが作成）

mbed APIの下にはmbed HALがあります．

mbed APIがC++言語で書かれているのに対して，HAL層はC言語で書かれています．HALはHardware Abstraction Layerの略で，回路の違いを吸収するプログラムです．こちらは主にマイコン・ベンダが作っています．具体的に見てみましょう．

図10に示すように，mbed HALにはanalog_in_read()というC言語の関数が用意されていて，A-D変換回路の入力値を読み出すことができます．ところが，A-D変換回路はマイコンによって分解能が10ビットだったり12ビットだったりと仕様が異なります．そこで，analog_in_read()関数の返り値はfloat型になっていて，入力電圧に応じて0～1の間の小数を返すようになっています．

ユーザがマイコンの種類を選ぶと，それに対応したanalog_in_read()関数の実装が使われます．分解能は違えど，どのマイコンを使っても必ず0～1の間の数

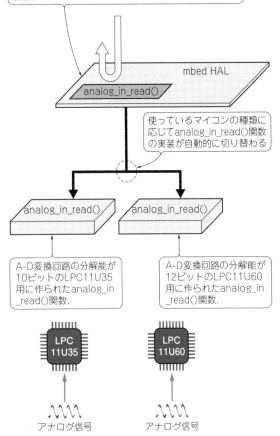

図10 mbed HAL層の役割はマイコンのハードウェアの違いを吸収すること
C言語で書かれた関数analog_in_read()は，マイコンに合わせて利用する関数を切り替える．このしくみのおかげで一つのプログラムを二つ以上のマイコンに利用できる

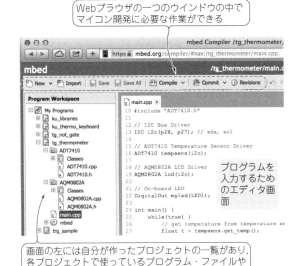

図11 mbedはエディタやコンパイラなどのマイコン開発環境がすべて公式サイト（developer.mbed.org）上に置いてあるのでWebブラウザで利用できる
自分のパソコンにツール本体をダウンロードしてインストールするわずらわしさから解放される

値が読み出されます．そのため，マイコンごとの仕様の違いを意識することなくA-D変換回路を使うことができます．

上位のmbed APIは，mbed HALのプログラムを利用して作られているため，mbed APIのクラス・ライブラリもマイコンの種類に関わらず動作します．

④CMSIS-CORE層（ARMが仕様決定．マイコン・ベンダが実装）

先ほど，mbed HALはC言語で書かれていると説明しました．C言語のプログラムを動かすためには，CPUの初期化ルーチンなどをアセンブラ（機械語）で用意する必要があります．初期化ルーチンなどはマイコンの種類によって少しずつ異なるため，いちいち対応するのはとてもたいへんです．

CMSIS-COREはそういった問題を解消するために作られたものです．マイコンごとの差を吸収し，上の層にあるC言語やC++言語のプログラムを動かす準備をしてくれます．

CMSISは，Cortex Microcontroller Software Interface Standardの略で，Cortex-Mという種類のCPU（MPU）を搭載したマイコンを動かすための共通規格です．ARM社が仕様を決め，マイコン・ベンダが実装しています．

＊

以上のmbed API，mbed HAL，CMSIS-COREの3層からなるプログラムによって，技術者の皆さんがアプリケーション・プログラムを作ることに専念できる環境が作られているわけです．

うまい話の裏側…楽チン開発の理由②

● クラウドだからブラウザで開発できる！ インストール要らず

今までは，マイコン開発を行うために専用のソフトウェアをパソコンにインストールする必要がありましたが，mbedでは，**図11**のようにそれらのソフトウェアがすべて，次のサイトの中で利用できます．

> http://developer.mbed.org/

私たちは，mbedのサイトをブラウザで開くだけでマイコンのプログラムを開発できます．このように，インターネット上のサイトの機能として使えるサービスをクラウド・サービスといいます．マイコンの開発環境がクラウド化されることによって，前述の[**課題3**]が解消されました．

● マイコンの違いや難しいプログラミングもクラウドが解決してくれる

▶ARM社指定のでき合いマイコン基板を選ぶ
mbedの公式サイト（developer.mbed.org）にアクセ

（そこまでうまい話はない）

---

mbedライブラリと指定ボードのミスマッチ

mbedは一つのボードで動いているプログラムを別のボードで動かすことも可能ですが，100％ではありません．

● ピン番号の違い

トラ技ARMライタでは，I²CインターフェースのSDA，SCL端子はそれぞれボード上のp28，p27という端子から出力されています．ところが，DipCortex M3というボードではp23，p18から出力されているため，ボードを変更する場合はソース・コードの該当箇所を変更する必要があります．

● ペリフェラルの有無

mbed SDKのEthernetInterface機能を使いたい場合は，Ethernet機能をペリフェラルにもつマイコンが必要です．LPC1768というボードなら大丈夫ですが，トラ技ARMライタでは使えません．

● ピン数の違い

ボードによって，I/Oピンの数が異なるため，例えばI/Oピンを20ピン使うプログラムを動かすためには，20ピン以上のI/Oをもつボードでなければいけません．

● メモリ（RAM）容量の違い

画像処理のようにメモリを多く使うアプリケーション・プログラムを動かすには，それだけ多くのメモリを搭載している必要があります．LPC1768というボードでは，RAMが32Kバイトありますが，トラ技ARMライタのRAM容量は8Kバイトしかありません．

＊

他にもCPUの処理速度の違いなども問題になることがあります．マイコン・ボードごとに違いがあることを理解したうえで，動かしたいアプリケーション・プログラムに適したボードを選択する必要があります．

〈大中 邦彦〉

スると，図12のように，mbed開発環境が利用できると認定されたマイコン・ボード（mbedプラットフォーム）がリストアップされています．

この中から使いたい基板を選んでクリックするだけで，mbedのサイト上で自分の開発環境に取り込むことができます．このリストの中には，本書に付属する「トラ技ARMライタ」もあり，"TG-LPC11U35-501"という名前で登録されています．

基板を選ぶと自動的に自分の使っている基板に合った設定が選択されるため，マイコンの種類や基板の違いを考えずにプログラムを書くことができます．

▶一度書いたプログラムはほかの基板でそのまま動かせることがある

一度作ったプログラムは，別の基板でも動かすことができます．設定画面から別の基板を選び直すだけでOKです．もちろん，プログラムによっては，その機能を満たすことのできないマイコン基板では動きません（コラム，p.37）．

▶でき合いの制御プログラムをポるだけ

図13のようにmbedのサイトにはmbed SDKが用意しているクラス・ライブラリがたくさん用意されています．

マイコンのI^2Cインターフェースを使いたい場合は，図13の下にある$I2C$というライブラリを選択します．

そしてライブラリのページにある［Import Library］と書かれたボタンを押すと，自分のプログラムにライブラリが追加されます．

このように，Webブラウザの中でボタンを押していくだけでスムーズに開発環境が作れるのは今までにない感覚です．

● まるでUSBメモリ！マイコンへのプログラムの書き込みはドラッグ＆ドロップ・コピー

mbedの公式サイトでプログラムを作成してコンパイルすると，マイコンに書き込むための実行ファイルが作られてパソコンにダウンロードされます．これをマイコンに書き込めば完成です．従来は，マイコンにプログラムを書き込むために専用のケーブルやソフト

DipCortex M3
- Cortex-M3, 72MHz
- 64KB Flash, 12KB RAM

mbed LPC1114FN28
- Cortex-M0, 50MHz
- 32KB Flash, 4KB RAM

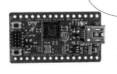

本書に付属するトラ技ARMライタもTG-LPC11U35-501という名前で登録されている

EA LPC11U35 QuickStart Board
- Cortex M0, 48MHz
- 64KB Flash, 10KB RAM

TG-LPC11U35-501
- Cortex-M0, 48MHz
- 64KB Flash, 10KB RAM

図12 mbed公式サイトにはmbed開発環境で利用できる指定マイコン基板(mbedプラットフォーム)が登録されていて各種プログラムと連携している
mbedプラットフォームはARM社が認定してから登録される．マイコン基板の設計や製作からも解放される

図13 ボタンを押すだけでマイコンの内蔵回路(ペリフェラル)をすぐに動かせるでき合いライブラリをGETできる
I^2C通信やI/O，A-D変換をするプログラムを書く作業からも解放される

ウェアが必要で，とにかく手間がかかりました．

mbedでは，**図14**のように市販のUSBケーブルでパソコンと接続するだけで書き込みができます．基板上の［ISP］ボタンを押しながらUSBケーブルを接続すると，USBメモリやデジカメを接続したときと同じようにリムーバブル・メディアとして認識され，firmware.binというファイルが表示されます．このファイルを上書きするだけで，マイコンにプログラムを書き込むことができます．

USBにはメモリ・カードやハード・ディスクを扱うためのUSBマスストレージ・クラスという規格があり，mbedはそのしくみを利用しています．WindowsやMacなどの一般的なOSは，USBマスストレージ・クラスを標準でサポートしているため，専用のドライバ・ソフトウェアなどをインストールする必要がありません．

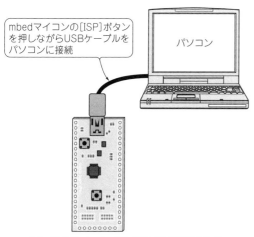

(a) パソコンとmbedマイコンをUSBでつなぐ

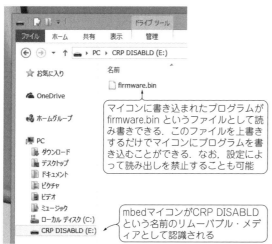

(b) USBメモリと同様にリムーバブル・メディアとして認識される

図14 mbed指定マイコン基板にプログラムを書き込む方法はUSBメモリにファイルを書き込むのと同じ

うまい話の裏側…楽チン開発の理由③

■ 新感覚！ 電子部品をつなぎ合わせるように…オブジェクト指向プログラミング

● こんな考え方

以上のように，mbedではアプリケーション・プログラムを作るためのお膳立てがされており，スムーズ

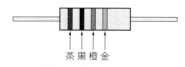

茶 黒 橙 金

図15 「オブジェクト」とは抵抗器を始めとする電子部品そのものを指す

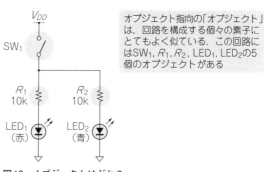

オブジェクト指向の「オブジェクト」は，回路を構成する個々の素子にとてもよく似ている．この回路にはSW_1, R_1, R_2, LED_1, LED_2の5個のオブジェクトがある

図16 オブジェクトはどれ？
答えは5個の素子すべて

表1 LED点灯回路（図16）の部品表
クラスとは電子部品（オブジェクト）の性質．表に示された仕様がクラス

同じ性質をもつ部品の種類をクラスと言う．抵抗とスイッチはそれぞれ異なるクラス．同じLEDでも仕様が異なるものは異なるクラス

実際に買ってきた部品の事をインスタンスという．インスタンスとはクラスの実体．つまりクラスが具体化したもののこと

部品名	仕様	数量	部品番号	部品
スイッチ	トグル	1	SW_1	
抵抗	10kΩ	2	R_1 R_2	
LED	赤	1	LED_1	
	青	1	LED_2	

一つの回路に同じ抵抗が複数あってもよいように，同じクラスのインスタンスは一つとは限らない

にプログラムを書くことができます．でもそれは「mbedならブロックのおもちゃのようにプログラムが書ける」と述べた理由の半分でしかありません．

残り半分の理由は，mbedがオブジェクト指向プログラミングという技法でアプリケーション・プログラムを書ける点です．「オブジェクト指向」という言葉は耳慣れず難しそうな響きがありますが，実は簡単です．オブジェクト指向は電子工作とも関係の深い考え方です．

ある意味私たちは，電子工作をするとき無意識にオブジェクト指向になっています．

● 電子部品はすべて「オブジェクト」

「10kΩの抵抗」と聞いたら，図15のようなカラー・

2択！ ハードウェア制御に向いているのはどちら？
手続型プログラミングvsオブジェクト指向プログラミング

● 手順を書きまくる手続型プログラミング

オブジェクト指向という考え方が登場する前，プログラムというのはコンピュータがやるべき作業が順番に書かれたもの，つまり手順書でした．例えば，次のようなイメージです．

［手順1］メモリの0番地から値を読む
［手順2］その値に1を足す
［手順3］結果をメモリの3番地に書き込む

マイコンに何かをやらせようと思うと，こういった手順を何百行，何千行と書く必要がありました．ただ，そのままだとあまりにも長くなりすぎてしまうので，よく使われる手順はサブルーチンとして独立させ分離して，ライブラリとしてまとめられます．

このように手順をひたすら書くような従来型のプログラミングのことを「手続き型プログラミング」といいます．

▶実際の例

図Aは小さなマイコン・システムで，PI1とPI2というディジタル入力端子が二つとPO1というディジタル出力端子があります．このマイコンを使って「PI1とPI2の値を読み取り，AND演算をした結果をPO1から出力する」というプログラムを書いてみましょう．

図Bは従来の手続き型プログラミングによって書かれたプログラムです．まず，最初の手順としてPI1から値を読み込みます．ディジタル入力端子から値を読むための手順はすでにライブラリになっていて，read_digital_in()という関数として提供されているとしましょう．この関数にピン番号であるPI1を渡すと，結果としてPI1の値が読み出されます．同様にしてPI2の値を読み出し，それぞれの値をvalue1とvalue2に記録します．

AND演算の結果をPO1から出力するためには，write_digital_out()という関数を使用します．この関数は最初の引数にピン番号，2番目の引数に出力したい値，つまりvalue1 & value2を渡します．

● オブジェクト指向で書きなおすと

図Cはこれと同じことをオブジェクト指向プログラミングで書いたものです．

　　DigitalIn input1(PI1);

という最初の1行目は，

　　DigitalInクラスのインスタンスを生成し，

```
int value1 = read_digital_in(PI1);
int value2 = read_digital_in(PI2);
write_digital_out(PO1, value1 & value2)
```

（ディジタル入出力端子ライブラリが提供しているread_digital_in関数を呼び出し，PI1とPI2の値をそれぞれvalue1とvalue2という変数に読み込む．引数にピン番号を指定することで，このディジタル入力端子から読み込むのかが決まる）

（ディジタル入出力端子ライブラリが提供しているwrite_digital_out関数を呼び出す．最初の引数が出力したいピン番号で，2番目の引数が出力したい値なので，このように書くとvalue1とvalue2のand演算の結果がPO1から出力される）

図B　手続き型プログラミングで書くとこうなる

図A　PI1とPI2の値を読んでAND演算をしてPO1から出力するプログラムを二つの方法で書いてみた
ハードウェア制御に向いているのは手続型プログラミング（関数ライブラリ）？それともオブジェクト指向プログラミング（クラス・ライブラリ）？

コードが茶黒橙金の抵抗器を思い浮かべるでしょう．これがオブジェクトです．オブジェクトとは直訳すると「物体」という意味で，抵抗器，コンデンサ，トランジスタなどのあらゆる電子部品はすべてオブジェクトです．

図16に示すのは，スイッチを押すと赤色と青色の二つのLEDが点灯する回路です．この回路にある5個の素子すべてがオブジェクトです．

● 電子部品（オブジェクト）を性質ごとに分類した「クラス」

表1に示すのは，図16の回路の部品表です．

この部品表によるとSW₁はトグル式のスイッチで，図16では1個使っています．このとき「トグル式の

> input1という名前をつけろ！そのとき，ピン番号はPI1とせよ」

という意味です．input2, output1も同様です．

こうすることで，図Dに示したように物理的に存在する三つのディジタル入出力端子がプログラムの中のinput1, input2, output1という物体（Object）として扱えるようになります．

一度そうなってしまえばあとは簡単です．

output1 = input1 & input2;

と書くだけで，二つの入力端子から読み込んだ値をAND演算した結果を出力端子から出力するという目的が達成できます．

● 考察

一見，図Cは図Bと書き方が少し変わっただけのように見えますが，考え方は大きく異なります．マイコンのプログラムでは物理的なハードウェアを扱うことが多いため，プログラムの中でも物体として扱えると，すっきりとわかりやすく書くことができます．

〈大中 邦彦〉

> ディジタル入力端子を扱うためのDigitalInクラスのインスタンスを2個と，ディジタル出力端子を扱うためのDigitalOutクラスのインスタンス1個を作り，それぞれにinput1, input2, output1という名前をつける．また，作成時にピン番号を指定している

```
DigitalIn input1(PI1);
DigitalIn input2(PI2);
DigitalOut output1(PO1);

output1 = input1 & input2;
```

output1に対して，input1とinput2の値をand演算した結果を書き込む

図C　オブジェクト指向プログラミングで書くとこうなる

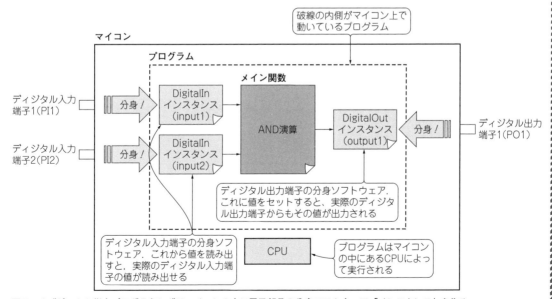

図D　オブジェクト指向プログラミングはマイコンの中に電子部品の分身ソフトウェア「インスタンス」を作る
三つの入出力端子がinput1, input2, output1という物体（Object）として扱えるようになり，output1 = input1 & input2;と書くだけですむ

スイッチ」というのは回路素子の性質，つまりオブジェクトの性質を表しています．これをクラスと言います．同じように「10 kΩの抵抗」「赤色LED」「青色LED」もクラスです．それぞれ「1Vの電圧を加えると，0.1 mAの電流が流れる」「電流を流すと赤く光る」「電流を流すと青く光る」といった性質をもっています．

● クラスの実物を必要な数だけ用意したもの…それが「インスタンス」

実際に回路を組み立てるときは，それらのクラスの仕様にあった部品を必要な数だけ買います．それぞれの部品のことをインスタンスと呼びます．

図16の回路にはインスタンスが5個あり，SW_1，R_1，R_2，LED_1，LED_2という部品番号がついています．この部品番号はインスタンスにつけた名前であるともいえます．

実際に回路を組み立てて動かすときは，これらのインスタンスをはんだ付けして接続します．つまり，電子回路を作る作業は，

> 「クラス（回路素子の仕様）をリストアップし，必要な数のインスタンス（回路素子）を用意してつなぐこと」

と言えます．これは電子工作ではとても当たり前の考え方です．このように物事をとらえるときにオブジェクトを中心にして考えることをオブジェクト指向と言います．

電子工作の場合は，オブジェクトである部品を中心に考えるのはある意味当たり前なので，あえて「オブジェクト指向電子工作」と声にすることはありません．

▶ 実体はなくてもオブジェクトはある

ソフトウェアの場合は，「データ」と「関数（手順書）」からできていて，実体がありません．ですが「データと関数」を性質ごとに分類すると，意味のある塊がいくつもできます．その塊は「ソフトウェアの世界のオブジェクト」と考えることができます．するとソフトウェアも電子回路と同じように「オブジェクトの集まりでできている」と捉えることができるのです．

このようにして，関数とデータの集まりであるオブジェクトを組み立ててプログラムを書くことを「オブジェクト指向プログラミング」と言います．なお，従来のように関数（手順）を中心に書いていくプログラミングを「手続型プログラミング」と言います（コラム，p.40参照）．

● オブジェクト指向プログラミングにピッタリな「C++言語」

マイコンの世界でよく使われているプログラミング言語と言えばCですが，そのC言語を拡張してオブジェクト指向プログラミングをしやすくしたC++という言語があります．mbedはオブジェクト指向プログラミングを積極的に採用するため，このC++を使えるようにしました．

▶ 電子部品の分身をソフトウェアの世界に作って簡単プログラミング

オブジェクト指向プログラミングは，もともとコンピュータのOSのように，非常に大きなプログラムを効率よく書くために考えられた手法です．マイコン上で動くプログラムはせいぜい数十K～数百Kバイトの小さなプログラムなので，わざわざC++言語を使ってオブジェクト指向で書きませんでした．ですが，オブジェクト指向プログラミングの考え方を使うと，マイコンで制御したいハードウェアのインスタンス（電子部品）をソフトウェアのインスタンス（データと関数）と一対一に対応づけることができます．

こうすることで電子部品の分身をソフトウェアの世界に作ることができ，プログラムを分かりやすく簡潔に書くことができます．そのメリットを取り入れるため，mbedではC++言語が使えるようになっているのです．

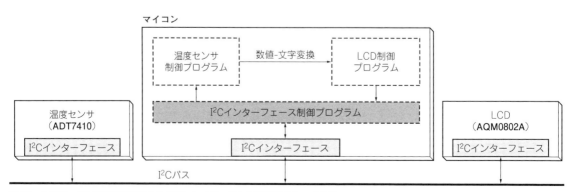

図17　オブジェクト指向プログラミングでmbedディジタル温度計を作ってみる

mbedディジタル温度計の製作① インスタンスの制作

■ やってみよう！オブジェクト指向による電子回路的プログラミング

● STEP1：電子部品をつなぐ

図4に示す回路（mbedディジタル温度計）を例に，オブジェクト指向の考え方でプログラムを書いてみました．マイコンはトラ技ARMライタ，温度センサはADT7410，LCDにはAQM0802Aというモジュールを使います．

図17は，mbedディジタル温度計をブロック図で描き表したものです．

温度センサとLCDはどちらも，I^2Cインターフェースを使ってマイコンと接続されています．I^2CインターフェースはSDA（シリアル・データ）とSCL（シリアル・クロック）の2本の信号線だけを使うインターフェースで，最大127個の機器を並列に接続してマイコンから制御できます．

I^2Cインターフェースは，マイコンの汎用ディジタル入出力端子を使っても制御できますが，トラ技ARMライタに乗っているLPC11U35マイコン（NXPセミコンダクターズ）は，I^2Cバスに接続するためのハードウェアを内蔵しているのでそれを利用しています．この回路では温度センサとLCDの二つを同じI^2Cインターフェースに接続して使うため，I^2Cインターフェースは一つだけあれば大丈夫です．

マイコンの中に描かれている破線部は，プログラムで実現される機能ブロックです．機能ブロックはソフトウェアの部品のようなもので，これをオブジェクト指向ではクラスと呼びます．

表2に示すのは，mbedディジタル温度計で使うクラスをまとめたもので，ソフトウェアの部品表です．

● STEP2：電子部品の分身「インスタンス」をつなぐ

リスト1は，これらの部品を実際に接続するプログラムです．
▶1行目

I^2Cインターフェース制御プログラムのインスタンスを作っています．C++ではソフトウェアの部品，

表2　mbedディジタル温度計のソフトウェア部品表

プログラム	クラス名	数量	部品番号
I^2Cインタフェース制御プログラム	I2C	1	i2c
ADT7410温度センサ制御プログラム	ADT7410	1	tempsens
AQM0802A LCD制御プログラム	AQM0802A	1	lcd

つまりクラスのインスタンスを用意するときは次のように書きます．

　クラス名　インスタンス名(引数1, 引数2…);

引数とはインスタンスを用意する際に必要な情報です．I^2Cクラスを実際に動かすためには，mbed基板などの端子をI^2CのSDA，SCLとして使うのかを引数で教えなければいけません．

図18のように，mbedの公式サイトではトラ技ARMライタはTG-LPC11U35-501という型名で登録されていて，I^2CのSDAはp28，SCLはp27という端子に割り当てられています．そのため，I2Cインスタンスを作る際の引数としてp28，p27という情報を渡しています．
▶2行目

温度センサ制御プログラムのインスタンスを作っています．温度センサ制御プログラムはI^2Cインターフェース制御プログラムを通じて温度センサを制御するため，引数にi2cインスタンスを渡しています．
▶3行目

同じようにLCD制御プログラムのインスタンスを作っています．

　　　　　　　　　＊

このたった3行を書くだけで，リスト1の下の図のように三つのインスタンスが接続されます．あとは温度センサ制御プログラムとLCD制御プログラムを接続するだけです．

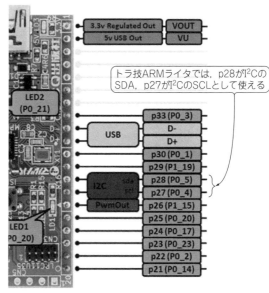

図18　mbedディジタル温度計に使う指定ボードTG-LPC11U35-501（トラ技ARMライタ）の各ピンの機能を確認する
TG-LPC11U35-501は本書の付属基板に端子やスイッチ類を実装したもの

リスト1 mbedディジタル温度計のソフトウェア部品をつなぎ合わせるプログラム

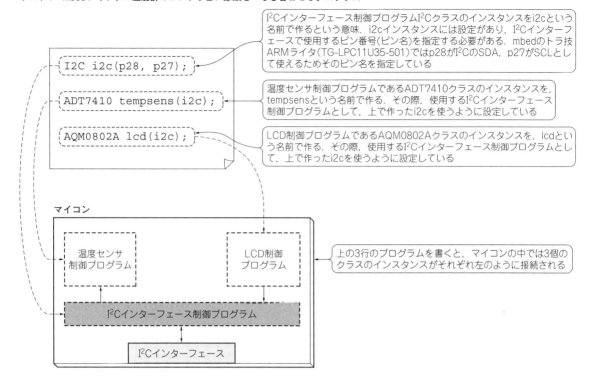

mbedディジタル温度計の製作②
アプリケーション・プログラミング

■ 十行書くだけ

● 全体処理のイメージ

図19はアプリケーション・プログラムに必ず一つ存在するメイン関数のイメージを表したものです．

先ほど用意した温度センサ制御プログラムのインスタンスとLCD制御プログラムのインスタンスはまだお互いに接続されていません．それらを接続させるのがメイン関数の役割です．

メイン関数は最初に［**手順1**］を実行し，温度センサ制御プログラムのインスタンスから温度が読み出します．読み出した数値はカゴの中に乗せられたまま，［**手順2**］に向かいます．［**手順2**］ではその値をLCD制御プログラムのインスタンスに書き込みます．［**手順2**］が終わったらまた［**手順1**］に戻り，この処理を永遠に続けます．

他の制御プログラムのインスタンスがある場合は，［**手順3**］→［**手順4**］とどんどん手順を加えていきます．このようにしてたくさんのインスタンス間の橋渡しをします．

● メイン関数の詳細

▶全体

リスト2は，図19を実際にプログラムとして書いたものです．C言語やC++言語では，必ずmainという名前の関数(メイン関数)を書きます．メイン関数は，電源を入れると自動的に実行されます．

今回のmbedディジタル温度計のメイン関数は，次の処理を永遠に繰り返します．

［**手順1**］温度センサから温度を読み取る
［**手順2**］読み取った数値をLCDに表示する(手順1に戻る)

C++言語ではwhile(true)と書くと，その後の中括弧 { } の中に書かれた処理が永遠に繰り返されるので，まずそれでメイン関数内部の全体を囲います．これをメイン・ループと呼びます．メイン・ループの中では，温度センサから読み出した温度をLCDに表示する処理が書かれています．

▶float t = tempsens.get_temp()

最初のこの部分は，温度センサから温度を取得するプログラムです．

tempsensは，**リスト1**で用意したADT7410クラスのインスタンスです

get_tempは，このインスタンスがもっている関数です．get_temp関数を呼び出すと，温度センサから

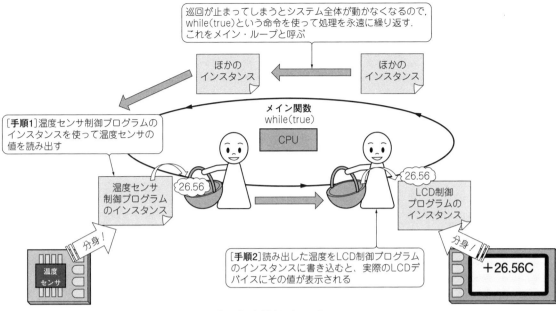

図19 メイン関数の役割はインスタンスを巡回してそれぞれを橋渡しすること

現在の温度を浮動小数点(float)型の数値として得られます．get_tempメソッドによって取得された温度は変数tに保存されます．C++言語で数値を覚えておくために使う変数には int型を使うことが多いですが，int型は整数しか入れることができません．この温度センサは1℃以下の細かい精度で計測できるため，変数tには小数を覚えられるfloat型を使っています．

get_tempのようにインスタンスがもっている関数のことをメソッドと呼びます．

▶lcdインスタンスのlocate メソッドを呼び出し

LCDの上で見えないカーソルを移動させるメソッドでlocate(0, 0)と呼び出すと，カーソルが画面の一番左上に移動します．このまま次のprintfメソッドを呼び出せば，文字が画面の左上から右に向かって書き

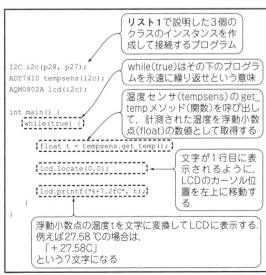

リスト2 たった10行！ mbedディジタル温度計全体の動きを書く(この部分をメイン関数と呼ぶ)
mbedディジタル温度計を作るときに書かなければならないのはこのアプリケーション・プログラムだけ

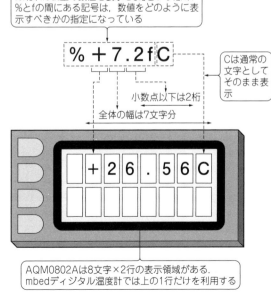

図20 mbedディジタル温度計のメイン関数の説明…printf() メソッドの書式と出力の関係

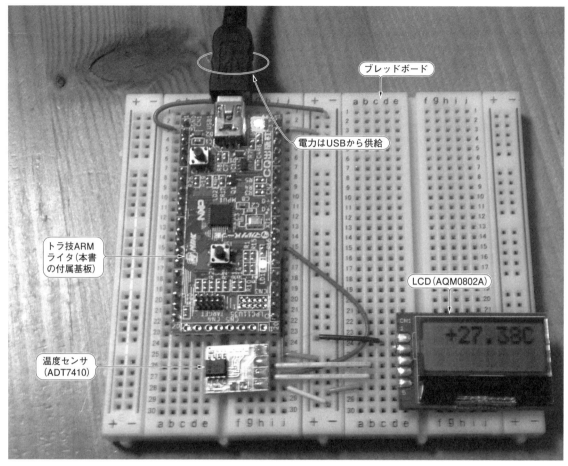

写真1 あっという間にmbedディジタル温度計が完成！
書いたプログラムはリスト2のたったの10行．マイコン基板も作らなくてよい

リスト3 mbedディジタル温度計を改良して2箇所以上の温度を測りたいときはメイン関数をほんのちょっと変更するだけ
トラ技ARMライタにADT7410を2個接続して，ADT7410クラスのインスタンスをもう一つ用意するだけ．全部でたったの13行

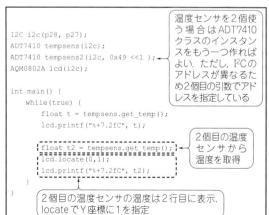

出されます．
▶printfメソッドの呼び出し

printfメソッドはC言語のprintf関数などと同じで，float型の温度を人間が読める文字に変換してLCDに表示するメソッドです．

printfメソッドに渡している"%+7.2fC"という文字列は，float型の数値を文字にする際のルールになっています．

図20にその詳細を示しました．最初に"%+7.2f"と書くと，「先頭にプラス（+），またはマイナス（-）の符号が付き，小数点以下は2桁まで，全体を7文字に揃えて出力せよ」という意味になります．最後の"C"はアルファベットのCで，摂氏を表す℃の代わりに表示します．

これ以外にもprintf関数ではさまざまな表記で文字を出力することができます．詳細なルールが知りたい場合はC言語の解説書などをご覧ください．

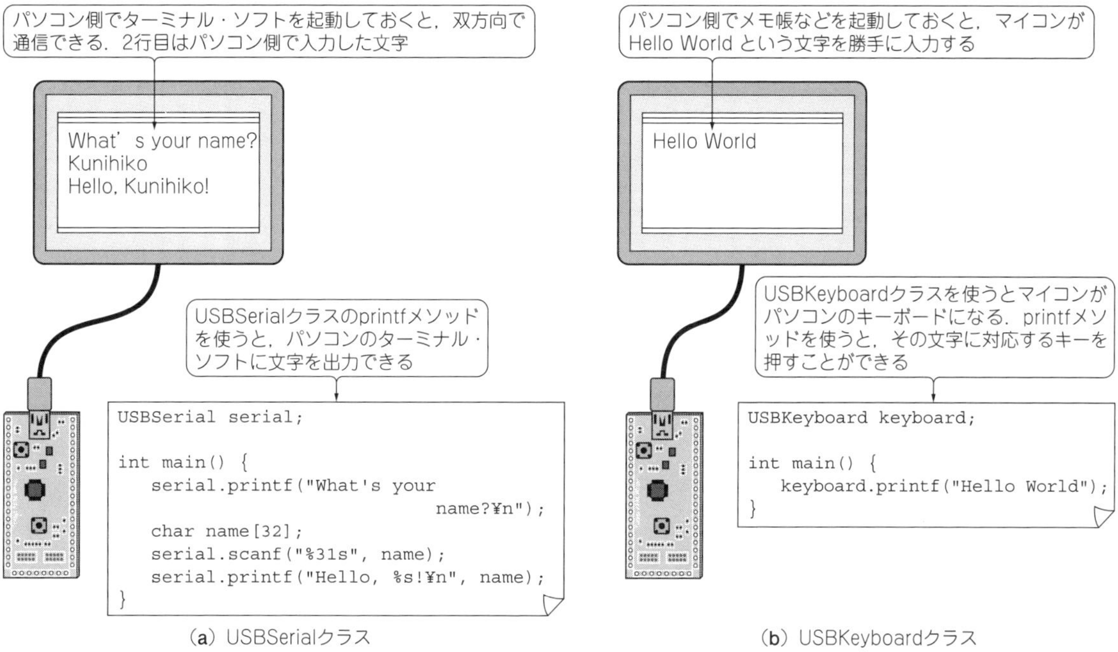

```
                                                        USBKeyboardクラスを使うとマイコンが
パソコン側でターミナル・ソフトを起動しておくと，双方向で    パソコン側でメモ帳などを起動しておくと，マイコンが
通信できる．2行目はパソコン側で入力した文字            Hello World という文字を勝手に入力する
```

```
What's your name?                                    Hello World
Kunihiko
Hello, Kunihiko!
```

USBSerialクラスのprintfメソッド を使うと，パソコンのターミナル・ ソフトに文字を出力できる

USBKeyboardクラスを使うとマイコンが パソコンのキーボードになる．printfメソッドを使うと，その文字に対応するキーを 押すことができる

```
USBSerial serial;

int main() {
    serial.printf("What's your
                            name?¥n");
    char name[32];
    serial.scanf("%31s", name);
    serial.printf("Hello, %s!¥n", name);
}
```

```
USBKeyboard keyboard;

int main() {
    keyboard.printf("Hello World");
}
```

（a）USBSerialクラス　　　　　　　　　　　　　　　　　（b）USBKeyboardクラス

図21　mbedがお膳立てしているでき合いの便利プログラムはほかにも…
mbedマイコンを使ってPCアダプタを作るのもアッという間

● 動作確認

　写真1に示すのは，完成したmbedディジタル温度計を実際にブレッドボードの上で動かしているところです．冷蔵庫の中に入れたり（結露に注意！），温度センサを指で温めたりして温度の変化を計測できました．

　LCDは2行表示できるものなので，ADT7410を複数接続すれば，2箇所以上の温度を表示することもできます．リスト3のようにADT7410クラスのインスタンスをもう一つ用意するだけです．I²Cバスには同じアドレスのデバイスを二つ置くことはできないので，アドレスを0x49に変更する必要があります．

■ mbedがお膳立て！
　　でき合い制御プログラムのいろいろ

● トラ技ARMライタで利用した制御プログラム

　mbedプラットフォームに使われているARMマイコンは，I²C以外の周辺回路（ペリフェラル）も内蔵しています．それらを使うためのクラスは最初から一式が用意されています．

　前述のトラ技ARMライタで作ったmbedディジタル温度計では，次の三つのでき合いの制御プログラム（クラス）を利用しました（表2）．

（1）I²Cインターフェース制御プログラム
（2）温度センサ制御プログラム
（3）LCD制御プログラム

　一つ目のI²Cクラスは，mbedが標準で用意していま

す．トラ技ARMライタ上のLPC11U35マイコンに内蔵されているA-Dコンバータやタイマを使うために，mbedではAnalogInクラス，Timerクラスを標準で用意しています．

▶そのほかにもいろいろ

　図21のようにマイコンとパソコンをUSBで接続するためのクラスもあります．

　USBSerialクラスを使うと，mbedマイコンをUSBシリアル・アダプタとしてパソコンに接続し，双方向で通信できるようになります．USBSerialのprintfメソッドを呼び出すとマイコン側からパソコン側に文字を送信でき，scanfメソッドを使うとパソコン側で入力した文字をマイコン側で受け取ることができます．

　そのほか，興味深いクラスにUSBKeyboardクラスがあります．これはmbedマイコンをUSBキーボードとしてパソコンに認識させることができるクラスです．USBKeyboardクラスのprintfメソッドを呼び出すと，パソコン上であたかもその文字が入力されたかのように動作します．これを使えばトラ技ARMライタを使って，パソコンのボリューム・キーを操作したり，外部テン・キーとして動作させたりできます．

● クラスは自作できる

　mbedディジタル温度計に使った温度センサ（ADT7410）とLCD（AQM0802A）は，mbedが公式にサポートしているモジュールではありません．そこで，ADT7410クラスおよびAQM0802Aクラスは，私が自

分で作りました．

　mbedのサイトには先達が作ったたくさんのクラスがライブラリとして公開されているので，ライセンスの範囲で自由に利用できます．それらを活用すると，たいていのことは自分でライブラリを作らずに楽しめます．

　私が作った二つのクラスも，トランジスタ技術のホームページやmbedのサイトでライブラリとして公開されています．ただし，他の方のライブラリと名前が被らないように，クラス名の頭にKuをつけてあります．

http://developer.mbed.org/users/kunichiko/code/KuADT7410/

http://developer.mbed.org/users/kunichiko/code/KuAQM0802A/

理想郷を目指して…mbedの今後に期待

● 音頭取りが必要！ コンポーネント・ライブラリ作成のためのガイドライン

　mbedのサイトには多数のコンポーネント・ライブラリが揃っていて，秋葉原の部品屋さんなどでよく見かける定番部品などは十分対応可能です．

　これらのコンポーネント・ライブラリの多くは，個人のエンジニアが自作して無償で提供しています．個人が作った成果を公開して，他人が利用できるというのがmbedの世界の面白さです．一方で，ライブラリの作り方のルールが人によってまちまちだったり，使いたい機能がすべて網羅されていなかったりします．

　もちろん，mbedで公開されているライブラリにはソースコードも付いているため，足りない機能は自分で付け足したり，動き方を変えることもできます．その成果を作成者にフィードバックするのも簡単です．そのようにしてコミュニティが活性化していけば，コンポーネント・ライブラリの完成度が上がります．しかし，「理想的なコンポーネント・ライブラリはどういう形で作られるべきか」という方向性を誰かが示さないと，うまく成長できない可能性があります．

▶たとえば…

　mbedのサイトを見ると，多数のLCDモジュールのライブラリが登録されています．それらのLCDモジュール・ライブラリは，mbedが用意しているStreamクラスを継承して作られています．

　Streamクラスは，文字列を整形して表示するためのprintfメソッドをもっているため，どのLCDモジュールでもprintfメソッドを使うことができます．ところが，LCDモジュールの中にはStreamクラスを継承していないものもあり，そういったライブラリではprintfメソッドが使えません．

　Streamクラスでは，LCDのカーソル位置を指定するlocateメソッドのような機能を規定していないので，カーソル位置の移動方法はLCDモジュールのライブラリごとに異なってしまう可能性があります．

　「LCDモジュールのコンポーネント・ライブラリを公開するときは○○クラスを継承するようにしてください」といった音頭取りをARM社が行ってくれることを期待します．

● 信頼できる部品メーカ純正のコンポーネント・ライブラリの拡充

　現在は，有志によるコンポーネント・ライブラリが多いですが，信頼できる各デバイス・メーカが公式のコンポーネント・ライブラリを作り，公開する世界ができると，mbedの世界がより強固になります．

　企業は採算が取れない活動は起こしにくいためまだ活動は緩やかですが，今後多くのエンジニアがmbedを使うようになり，市場が活性化すれば，部品メーカのデータシートといっしょにmbedのライブラリが公開されるのが当たり前になるかもしれません．

第3章 ARM社やマイコン・メーカ各社の涙ぐましい支えがあってこそ

簡単には訳がある

サクッと開発できるmbedのメカニズム

渡會 豊政 Toyomasa Watarai

図1 mbedはARM社が企画，推進している新しいマイコン開発環境

● 誰でもマイコンを開発できる…そんな嘘のようなホントの話

　最近のマイコン(MCU)は，低消費電力化や低価格化が急速に進むと同時に，多機能になってきています．複数チャネルを持つ高機能タイマや，高速な入出力ポート，豊富なアナログ機能などが搭載されています．

- ある程度性能が欲しいけど，使いこなすのが難しそう
- いろんな機能を試してみたい！ でも，分厚いマニュアルを読んだりする時間がないし，探したい情報がすぐに見つからない
- 開発ツールを購入して，インストールするのが面倒

などと考えている方も少なくないと思います．

　mbedと呼ばれるクラウド上の開発環境を使えば，素早く簡単にARM Cortex-Mマイコンを使ったプロトタイピングや開発ができます．ARM社が開発しているCortex-Mは，従来の8ビットや16ビット・マイコンからの置き換えを狙った低消費電力で高機能なプロセッサ・コアです．本コアを実装したマイコンがさまざまなMCUベンダから販売されています．

うまい話には裏が…ご安心ください，ちゃんと理由があります

■ ARM社やマイコン・ベンダの努力に支えられている

　mbedプロジェクトのメンバは，ARM社，MCUベンダ，サード・パーティ，そして世界中のエンジニアです．このメンバがARM社の推進するソフトウェア開発プラットフォームmbedの開発を行っています(図1)．

　mbedプロジェクトでは次のようなものを開発し，主にARM社がテストと運営をしています．

(1) Cortex-Mマイコンを搭載したmbed対応のターゲット・ボード(開発：ARM社，MCUベンダ，サード・パーティ，世界中のメーカや個人のエンジニア)
(2) クラウド上のソフトウェア開発環境(開発：ARM社)
(3) ペリフェラル・モジュールを抽象化するAPI(開発：ARM社，MCUベンダ)
(4) 検証済みの各種ライブラリ(開発：ARM社，MCUベンダ，サード・パーティ，世界中のメーカや個人のエンジニア)
(5) オンラインのソース・コード管理システム(開発：ARM社)
(6) オンラインで見られる常に最新のドキュメント(開発：ARM社，MCUベンダ)
(7) いろいろな情報交換ができる開発コミュニティ．フォーラム(会議室)やQ&Aなど(運営：mbedに携わるみんな)

　mbedを使えば，Cortex-Mマイコンを使用したアプリケーションを高速に開発できます．組み込み開発のわずらわしいセットアップ作業や事前調査を最小限にし，マイコンを使って作りたい物を素早く構築できます．

■ サクッとマイコンを開発できるしかけ

①パソコンへのインストールは一切不要！ Webページにアクセスするだけ

　mbedのソフトウェア開発環境は，ネットワーク接続されたWebブラウザ上で動作します．従来の組み込み開発では，開発ツール［IDE(Integrated Development Environment)，コンパイラ，デバッガなど］をパソコンにインストールする必要がありました［図2(a)］．最

(a) 従来の開発環境の場合

(b) mbedなら！

図2　mbedはパソコンへのインストールが要らない！ Webページにアクセスするだけ

新版の入手やパッチの適用，ライセンスの登録作業などわずらわしい作業が少なくありませんでした．

mbedを使用すれば，自分のパソコンにソフトウェア開発環境をインストールする必要はありません．開発環境はすべてクラウド上で動作します［図2(b)］．自分が作成したソース・コードでさえ，ローカルのパソコンに保存する必要はありません．

クラウド上で動作する開発ツールは，常にARM社によりメンテナンスされ最新のものが提供されています．コンパイラやIDEのバージョンの違いで動作しないというような問題もありません．また，不要なソフトウェアをインストールすることにより，自分のパソコンのシステムが不安定になるといった問題も発生しません．

ユーザ・インターフェースとなっているオンラインIDEは，ユーザのフィードバックによって新機能の追加やバグの修正が行われ続けています．mbedが動作するクラウド側にはLinuxサーバが使用されていますが，パソコンのOSは，Windows，MacOS，Linuxを使用できます．

②一からソフトを書かなくていい！ でき合いのプログラムを使ってアプリ開発に注力（図3）

マイコンのプログラミングでは，スタック・ポインタの設定やハードウェアに依存したさまざまな初期設定が必要です．

この部分はマイコンの仕様に強く依存しており，そのマニュアルに記載された情報を元にソフトウェア・エンジニアが記述します．膨大なマニュアル（英文の場合もある）を読み，設定値が正しく反映されているかをデバッグしながらコードを作るのは，熟練のエンジニアにとっても負担が大きい作業でした．もちろん，ハードウェアに直接触れることのできる楽しい部分ですが….

mbedライブラリはデバイス依存の検証済み初期化コードが含まれているため，ユーザはmain.cppファイルのmain()関数の中からプログラミングに注力できます．

mbedライブラリは，

● マイコンの種類に依存する初期設定コード

従来のマイコン開発　　　　　　　　　　　2日間コース

① 使用するマイコンのマニュアルや参考回路図，アプリケーション・ノートを入手する

② マイコンのマニュアルや回路図とにらめっこ

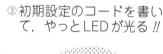

③ 初期設定のコードを書いて，やっとLEDが光る!!

お膳立てマイコンmbedを使った次世代開発　　10分コース

① mbedのWebページにアクセスする

② 使いたいマイコン・ボードを選択する

③ サンプル・プログラムを動かすと，LEDが光る!!

図3　mbedは下ごしらえが要らない！ LEDを点滅させるまでホントに10分

- タイマやGPIOなどのCPU周辺の回路(ペリフェラル・モジュール)にアクセスするためのコードの集合体です．従来必要だった，ハードウェアを最低限動かすための初期設定プログラムはすでに組み込まれており，ユーザがコードを書く必要はありません．

③レジスタの設定も不要！ ピン設定も使いたい機能ピンを選択するだけ

ターゲット・ボードの各ピンは，図4のように名称やポート名，使用できる機能が定義されています．この定義名を使用した記述を行うだけで，ペリフェラル・レジスタへの設定が適切に行われます．従来のようにユーザがレジスタを設定する必要はありません．

オンラインIDE(統合開発環境)から使用するターゲット・ボードを選ぶと，そのマイコンのペリフェラル・モジュールのmbedライブラリのAPIが使用可能になります．このAPIを使えば，ターゲット・マイコン固有のハードウェア仕様を調べなくてもソフトウェアが作れます．

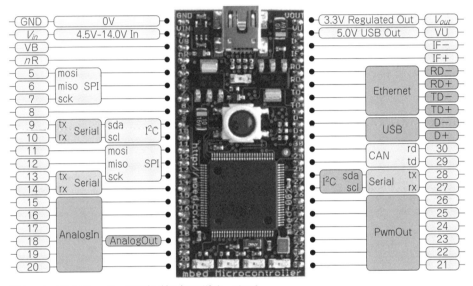

図4 mbedマイコン・ボードはピン割り当てが決まっている
プログラムではピン名を指定するだけ(LPC1768の例)

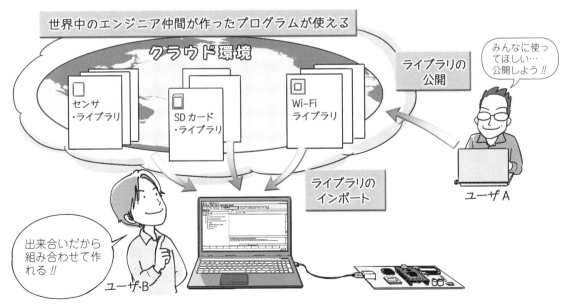

図5 mbedは世界中の人が作ったでき合いのプログラムを利用できるので楽チン

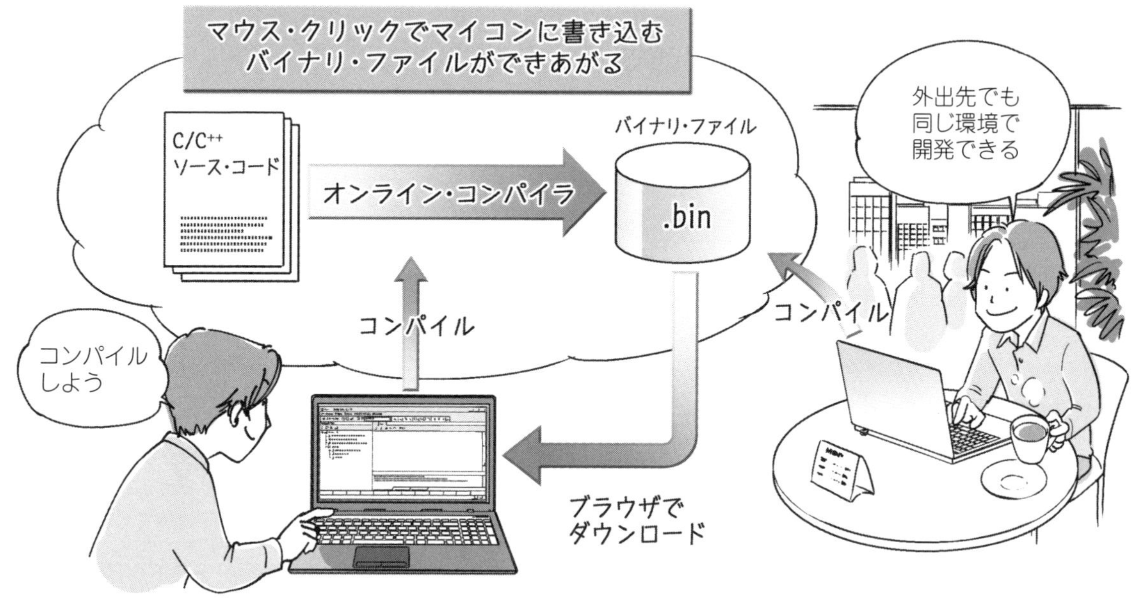

図6 mbedはコンパイル設定も不要！クリックするだけでマイコンに書き込むバイナリ・ファイルができる

④世界中のメーカや個人が作った出来合いプログラムが使い放題（図5）

　前出の②で説明したライブラリ以外にも，ユーザが開発し公開している動作検証済みの多数のライブラリやプログラムがあり，誰でも自由に利用ができます．

　例えば，コンピュータ・ネットワーク用の通信規格の一つであるWebSocketライブラリやSD Card File Systemライブラリなどです．

　ライブラリだけでなく，アプリケーション・プログラムも公開されており，原稿執筆時点（2014年7月）では，9000以上あります．公開プログラムは自分のソフトウェア開発環境にインポートすることで使用できます．

　コンポーネント・ライブラリには，開発コミュニティが公開している一般的な各種センサや通信モジュールなどの電子部品用の動作検証済みのプログラムが用意されています．mbedとの接続方法や，購入サイトへのリンクが用意されていることもあります．

⑤ARM純正コンパイラが使い放題！クリックするだけでバイナリが出力される（図6）

　従来は，自分のパソコンにコンパイラやデバッガなどの開発環境をインストールして，必要であればライセンスとサポート・パッケージの購入やオンラインでのアクティベーションなどの作業を行う必要がありました．開発ツール・ベンダから定期的に提供されるアップデートやドキュメントも意識的に最新版にする必要があったり，プロジェクトごとに環境を統一させないと，さまざまな互換性の問題が発生することがありました．

　mbedのオンライン・コンパイラは，ARM社純正の「ARM Compiler version 5」が使用されています．これは，製品版として販売されている，ARM DS-5やKeil MDK-ARMに同梱されているコンパイラと同じ物です．mbedの公式サイトdeveloper.mbed.orgでアカウントを登録すれば，mbedプラットフォーム用に無料で利用できます．使用しているコンパイラやランタイム・ライブラリ，C/C++ライブラリは製品版と同じ物で，Cortex-Mプロセッサ・コアに最適化されたコードが生成されます．

　ユーザのソース・コードから生成されたバイナリは，ファイルとしてWebブラウザからダウンロードできます．

⑥開発コミュニティによるサポートが盛んだから初心者も安心

　mbedは，ARM社とMCUベンダおよびユーザ・コミュニティによって開発され，ARM社がテストと運営をしています．開発や保守は単一のメーカではなく，開発コミュニティ全体で行われています．

　使い方や不具合の対応などの技術サポートはARM社も行いますが，経験のあるユーザが積極的に初心者をサポートするというケースも増えてきています．これはオープンな開発コミュニティの大きな特徴ではないかと思います．

mbedのソフトウェア開発環境

■ ハードウェアの違いは意識しなくてOK！

　mbedのソフトウェア統合開発環境は，図7に示す

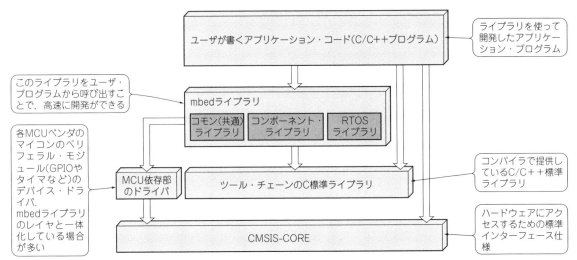

図7 mbedはマイコンのハードウェアが隠ぺいされている…だからハードを意識せずに開発できる（mbedのソフトウェア・ブロック）

ソフトウェア構成をしています．ソフトウェアを構成する要素を次に説明します．

● ユーザのアプリケーション・コード

ユーザがCまたはC++の言語を使用して開発したアプリケーション・プログラムのことです．

● 開発を加速するライブラリ群…mbedライブラリ

アプリケーション・プログラムからライブラリを呼び出すことで効率的にソフトウェアを開発できます．これらのライブラリはWeb上に公開されており，クリック一つで自分の開発環境に読み込むことができます．ライブラリは次の三つに分類できます．

(1) マイコンのハードウェア部分との橋渡し…コモン（共通）ライブラリ

mbed SDK APIの実装部分で，下位のMCUベンダ依存ドライバとの接続用ラッパとして構成されています．このしくみにより，MCUの違いを意識することなく，共通のAPIを使用できます．この部分は，MCUベンダやARM社によって開発されます．

(2) 部品を使うためのライブラリ…コンポーネント・ライブラリ

ターゲット・ボードに接続するセンサや通信モジュールなどのコンポーネント（部品）を使うためのライブラリのことです．部品やモジュールを使うためのドライバ的な役割をします．このライブラリは，モジュールを開発したベンダやユーザによって開発される場合が多いです．

(3) mbed専用のリアルタイムOS…RTOSライブラリ

mbed用リアルタイムOS(mbed-RTOS)は，CMSIS-RTOSに準拠しているARM社のKeil RTXです．RTOS上で動くWebSocketやHTTPClientのライブラリを使用する場合に使われます．

● デバイス・ドライバ…MCU依存部のドライバ

各MCUのペリフェラル・モジュール（GPIOやタイマなど）の制御用ソフトウェアです．mbedライブラリのレイヤと一体化している場合が多いです．MCUベンダやARM社が開発します．

● ツール・チェーンの標準Cライブラリ

コンパイラで提供しているC/C++標準ライブラリのことです．数学関数や文字列ライブラリを含んだランタイム・ライブラリの部分です．

● 回路にアクセスする標準インターフェース仕様…CMSIS-CORE

CMSIS(Cortex-M System Interface Standard)-COREは，Cortex-Mデバイスの基本的なランタイム・システムの実装部分で，ユーザがプロセッサ・コアとその周辺回路（ペリフェラル）にアクセスする方法を提供します．以下の機能が定義されています．

▶ハードウェア抽象化レイヤ(HAL)では，Cortex-Mプロセッサ・レジスタとSysTick，NVIC（統合ネスト型ベクタ割り込みコントローラ），システム・コントロール・ブロック・レジスタ，MPUレジスタ，FPUレジスタおよびコアへのアクセス関数などの標準化された定義
▶互換性問題が発生しないシステム例外処理へのインターフェース
▶新しいCortex-Mマイコン製品を学びやすくさせ，ソフトウェアのポータビリティを向上させるヘッダ・ファイルの体系化手法（デバイス依存の割り

込みの命名規則も含む）
▶ MCUベンダごとに使用されるシステム初期化方法．例えば，デバイスのクロック・システム設定に不可欠な標準化されたSystemInit()関数
● 標準C関数ではサポートされていないCPUインストラクションを生成する組み込み（イントリンシック）関数
▶ SysTickタイマのセットアップを簡素化，システム・クロック周波数を決定する変数

ヘッダ・ファイルとソース・コードはARM社とMCUベンダから提供されています．これにより，さまざまなベンダのCortex-Mマイコンに対して，同じ方法でハードウェアにアクセスできます．

■ 心臓部！ mbed SDK

mbed SDK (Software Development Kit)には，次に示す三つの特徴があります．また，mbed SDKの機能を拡張できるしくみも持っています．

● 特徴1…CPUの周辺回路を意識しなくていい！mbed APIをコールするだけでプログラムできる

mbed SDKは，マイコンのハードウェア部分を抽象化して，複雑なプロジェクトを構築しやすいように設計されています．mbed SDKで提供される抽象化されたオブジェクトとAPIコールを使用してプログラムできるので，マイコンのハードウェアの詳細仕様を調べる必要がありません．

"Hello World!"のような簡単なサンプル・コードで

---

mbedで作ったC/C++ソース・コードは使い慣れたローカル環境でもコンパイルできる

mbedで作成したプログラムはサードパーティ製の開発環境（ツール・チェーン）にも対応しています．NXPセミコンダクターズ社製のLPCXpresso IDEや，Mentor Graphics社製のSourcery CodeBench，IAR Systems社製のIAR Embedded Workbenchへ移行することが可能です（mbedマイコン・ボードによっては未対応のものある）．

LPCXpresso IDEやSourcery CodeBenchで採用されているコンパイラは，GCCベースなので無償です．また，IAR Embedded Workbenchは組み込み市場向けの採用実績が長く，ARM以外のプロセッサ・コアにも広く対応しており，ほかのプロセッサ用の環境と全く同じ使い勝手です．

mbed SDKのコードは，標準的なC/C++のルールで記述しているため，ほとんどのツール・チェーンでソース・コードをそのままコンパイルできます．一部のコードではアセンブラの書式が異なるため，ツール・チェーン用のアセンブラのファイルが複数提供される場合があります．

● エクスポート方法

エクスポート対象のプロジェクトをmbedオンライン・コンパイラで開きます．図Aのように左側のプロジェクト・ウィンドウを右クリックして，ポップアップ表示されたメニューから，[Export Program...]を選択します．

図BのExport programダイアログでは，Export Toolchain:の項目で使用したいツール・チェーン（例えばLPCXpresso）を選んで，[Export]ボタンを押すとzip形式で圧縮されたプロジェクト・ファイルがダウンロードされます． 〈渡會 豊政〉

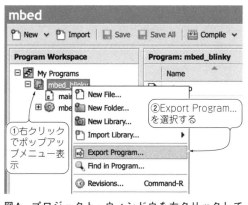

図A プロジェクト・ウィンドウを右クリックして[Export Program]を選択

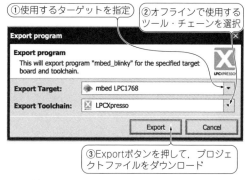

図B 使用したいツールチェーンを選んで[Export]をクリックする

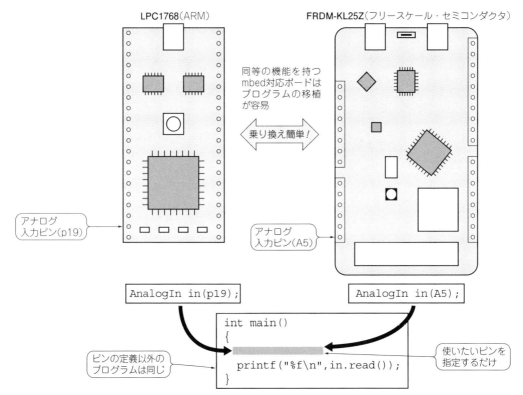

図8 プログラムをほとんど変更しなくてもmbed指定マイコン・ボード(mbedプラットフォーム)を乗り換えることができる
ただし,ピンの指定を変更する必要がある.またプログラムで利用する機能(たとえばイーサネット)を備えていないマイコン・ボードに乗り換えた場合は,その機能を使えない

もペリフェラル機能(シリアル通信や割り込み処理)を利用しますが,それを意識する必要はありません.mbed SDKはペリフェラル・モジュールのアクセスを高度に抽象化して,ユーザ側で簡単にプログラミングできるしくみを提供しています.

以下に,mbed SDK APIの例を示します.各APIは,C++クラス・ライブラリとして提供されています.この例のほかにも,mbed SDKではさまざまなAPIが提供されています.詳細は,mbed.orgのHandbookページ(http://developer.mbed.org/handbook/)を参照してください.

▶ API例その1…GPIOを使ってディジタル出力する機能 DigitalOutクラス

DigitalOutクラスは,ターゲット・マイコンのGPIO(汎用入出力)を使って,ディジタル出力の機能を提供します.主に,mbed対応ターゲット・ボードの外部に接続した部品を制御するために使用します.

定義:DigitalOut myled(LED1);

ここでは,myledという任意の変数名を使って,LED1(ターゲット・ボードによって定義されている名称)端子をディジタル出力として使用します.

使用例:myled = 1;

上記のように変数myledに1を代入することで,LED1端子に1(ハイ・レベル = 3.3 V)の信号を出力します.この記述は変数への単純な代入文のように見えますが,実際にはDigitalOutクラス・ライブラリのoperator = メンバ関数の中で,ペリフェラル・レジスタの設定などの処理が行われています(パラメータのマスク処理やシフト処理,および実際のGPIOレジスタへの書き込み処理).

▶ API例その2…シリアル通信をする機能 Serialクラス

Serialクラスは,ターゲット・マイコンのUART(調歩同期方式シリアル通信)を使って,外部デバイスとシリアル通信を行う機能を提供します.

定義:Serial pc(USBTX, USBRX);

ここでは,pcという変数名を使って,USBTXとUSBRX(ターゲット・ボードによって定義されている名称)端子をそれぞれ送信と受信用のシリアル通信の信号として使用します.

使用例:pc.printf("hello, world¥n");

Serialクラスでは，標準入出力のprintf()やscanf()関数が使用できます．ターゲット・ボードで定義されているUSBTX, USBRX端子は，インターフェース・チップ(後述)経由でUSBポートから仮想シリアル・ポートとして使用でき，パソコンのターミナル・ソフトで出力結果を確認できます．

● 特徴2…デバイスやメーカ横断型の移植性の高いプログラムを作れる

　mbedライブラリのAPIを使用したソフトウェアはポータビリティ(移植性)が非常に高く，**図8**のように同等の機能を備えるほかのmbed対応ターゲット・ボード(プラットフォーム)に移植することが可能です．ピン・アウトの部分を変更すれば，ソフトウェアはほとんどそのまま使用できます．この非常に高いポータビリティによって，mbed用に公開されているライブラリやアプリケーション・ソフトウェアは，プラットフォーム間で簡単に再利用できます．

● 特徴3…複数ツール・チェーンのサポート

　オンライン・コンパイラは，ARM社純正のコンパイラで動作していますが，プロジェクトをクラウド側からローカル環境にエクスポートすることで，サード・パーティ製のコンパイラを使用できます．対応するコンパイラは，NXP LPCXpresso, IAR Embedded Workbenchなどです．

● 拡張性1…ペリフェラル・モジュールのAPIや，さまざまな計算処理ライブラリは自分で作れる

　mbed SDKの標準APIは，MCUベンダやARM社によって提供されています．
　mbed SDKのAPIで提供されていないセキュリティ機能や誤り訂正機能，コンパレータ，I²Sなどのペリフェラル・モジュールは，CMSISを使用してマイコンのハードウェアに直接アクセスできます．これらの機能は，開発コミュニティが作ったライブラリとしてサポートされている場合もあります．また，RTOSやUSB，ネットワーク・ライブラリに加えて，再利用可能な周辺モジュール・ライブラリはmbedの開発者コミュニティによって開発されています．

● 拡張性2…新しいマイコン・ボードにポーティングもできる

　mbed SDKのソース・コードは，Apache 2.0のライセンスの元ですべてオープン・ソース化されており，誰でもコードを参照できます．mbed SDKの内部の挙動を知りたいときや，どのようにしてペリフェラルの抽象化レイヤが実装されているかを知る場合に，非常に有効です．

やる気さえあれば，新しいターゲット・ボードにmbed SDK をポーティングすることもできます．mbed SDK内部の構造やツールに関しては，以下のドキュメントが参考になります．

- http://developer.mbed.org/handbook/mbed-SDK-porting
- http://developer.mbed.org/users/MACRUM/notebook/mbed-sdk-porting-jp/ (日本語版)

　mbed SDK のコーディング・スタイルについて知りたい場合は，mbed SDK coding styleで基本的なルールが規定されています．

- http://developer.mbed.org/teams/SDK-Development/wiki/mbed-sdk-coding-style
- http://developer.mbed.org/users/MACRUM/notebook/mbed-sdk-cording-style/ (日本語版)

増殖中！ 31種類のmbed対応ボード

　mbedマイコン・ボードは，MCUベンダやボード・ベンダから販売されています．mbedマイコン・ボードは，**図9**に示すプラットフォームのページ(http://developer.mbed.org/platforms)で参照できます．
　ネット接続(オンボードのEthernetやWi-Fiインターフェース)，CANインターフェース，ブレッドボード対応DIP型，Arduino互換シールドなど多数の選択肢があり，利用したい機能から選ぶことができます．また，マイコンの種類もCortex-M0の16MHzからCortex-M4の120MHzまで，幅広いラインナップがあります．
　これらのボードは大きく2種類に分けられます．

①mbedインターフェース・チップが実装されているタイプ
mbed LPC1768, mbed LPC11U24, FRDM-KL25Z, FRDM-KL46Z, FRDM-KL05Z, EA LPC4088ほか

②内蔵フラッシュ・メモリにデータを書き込む機能を持つマイコンが実装されているタイプ
EA LPC11U35，トラ技ARMライタ(TG-LPC11U35-501), Seeedstudio-Archほか

パソコン-USB-マイコンの通信を実現する方法

■ mbedが用意した専用インターフェース・チップを利用する

　①のボードには，ターゲット・マイコンとは別にイ

ンターフェース・チップ(オンボード・インターフェースとも呼ばれる)が実装されています．インターフェース・チップは，以下の機能を提供します．

● プログラムの書き込み通信(USB MSDクラスを利用)
　従来は，マイコン内蔵のフラッシュ・メモリにプログラムを書き込むときに専用の装置が必要でした．デ

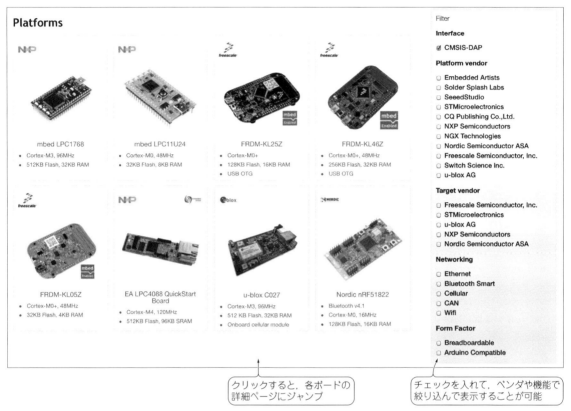

図9　mbedに対応しているマイコン・ボード一覧(公式サイトmbed.orgで確認できる)

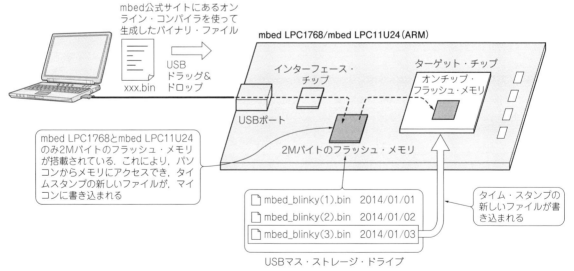

図10　USBメモリと同じようにドラッグ&ドロップ・コピーで実行用バイナリ・ファイル(mbed公式サイトでコンパイルしてできる)をマイコンに書き込める
専用の書き込み器は要らない．NXPセミコンダクターズ製のUSB ARMマイコンはこの機能をサポートしている．それ以外のマイコンでも，mbedインターフェース・ファームウェアが書き込まれたTG-LPC11U35-501をターゲット・チップと接続すればこの書き込み方法を利用できる

バッグするときは，JATG/SWDデバッグ・アダプタ（ハードウェア）とデバッガ（ソフトウェア）を使うのが一般的でした．

mbedでは，ボードとホストPCをUSB接続して，パソコンからファイルをドラッグ＆ドロップするだけでターゲット・マイコンのフラッシュ・メモリに書き込むことができます．ターゲット・ボードはパソコン上にマス・ストレージ・ドライブとしてマウントされます．そのドライブに対してバイナリ・ファイルをコピーするだけで，プログラムが書き込まれます．追加のハードウェアや専用ソフトウェアは必要ありません．

mbed LPC1768 と mbed LPC11U24 は，**図10**のようにオンボードの2Mバイト・シリアル・フラッシュ・メモリが搭載されており，Local File System が使用できます．Local File System は，mbedのマス・ストレージ・ドライブにファイルを置くことで，ホストPCからも mbed ターゲット・デバイスからもアクセスできます．

バイナリ・ファイルをドラッグ＆ドロップしてターゲットのフラッシュ・メモリに書き込む機能では，インターフェース・チップはマス・ストレージ・ドライブ内のファイルのタイム・スタンプを参照し，その中で一番新しいバイナリ・ファイルを書き込みます．そのため，マス・ストレージ・ドライブに複数のファイルが存在しても問題ありません．

mbed NXP LPC1768 と mbed LPC11U24 以 外 の（mbed HDKをベースに設計された）ターゲット・ボードでは，ドラッグ＆ドロップを行なった時にファイルが転送しながら書き込まれるオン・ザ・フライ方式になっています．そのため，マス・ストレージ・ドライブにコピーしたファイルは，ターゲットのフラッシュ・メモリに書き込まれた後はドライブ内には存在しません．

● **UARTを使ったシリアル・データ通信**（USB CDCクラスを利用）

ターゲット・マイコンには通常，UARTと呼ばれる調歩同期方式のシリアル通信機能が内蔵されています．このUARTは，外部デバイスとシリアル通信を行う機能を提供します．また，mbed SDKのAPIとして提供されているSerialクラスは，printf出力やscanf入力など標準入出力をシリアル・ポートで行う機能を提供します．

ターゲット・マイコンのUARTを直接ホストPCとは接続できないので，mbedではシリアル-USB変換機能をmbedインターフェース・チップが担います．

● **ソース・レベルのデバッグ通信**（USB HIDクラスを利用）

CMSIS-DAP（Debug Access Port）は，ターゲット・マイコン上のソフトウェアのデバッグを行うための標準規格です．ハードウェアとしてデバッグ機能は，ターゲット・マイコンに内蔵されたARM社のCoreSightというシステムIPによって行われますが，デバッグ・アダプタとホストPC側のプロトコル（データの受け渡し手順）は，従来各社独自の仕様に基づいて行われていました．CMSIS-DAPでは，この部分を標準化し，さまざまなデバッガ・ソフトウェアやスクリプトからデバッグ制御を可能としました．

mbedインターフェース・チップは，CMSIS-DAPに対応しており，ホストPC側にデバッガ・ソフトウェアをインストールすることによって，C/C++ソース・レベルでの本格的なデバッグが可能になります．

公式Webサイト developer.mbed.org のPlatforms ペ

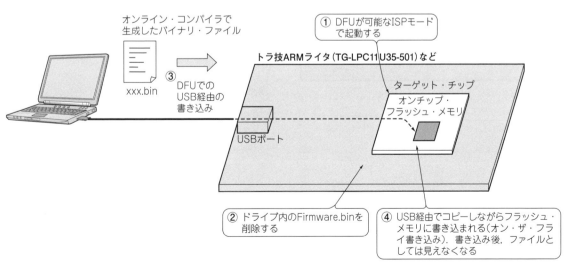

図11 NXPセミコンダクターズ製のマイコンは書き込み器がなくてもプログラムを書き込める

ージの右側のフィルタで，CMSIS-DAPをチェックして表示されるボードは，インターフェース・チップが使用されているボードです．

STマイクロエレクトロニクス社のSTM32 Nucleoシリーズは，デバッガの接続方式としてCMSIS-DAPではなく，ST-LINK/V2-1を採用しています．このボードでもほかのボードと同様に，デバッグ機能，UART-USB変換機能，USBドラッグ＆ドロップ・プログラミング機能が使用できます．

■ NXPセミコンダクターズ製マイコンの内蔵ISP回路を利用した書き込み通信

タイプ②のボードは，mbedインターフェース・チップが使用されていない代わりに，内蔵フラッシュ・メモリにデータを書き込む機能を持つマイコンが実装されています．これらのボードは，インターフェース・チップは実装されていませんが，次のような機能を使用できます．

NXPセミコンダクターズのマイコンは内蔵フラッシュ・メモリへの書き込みに，ISP（In-System

---

mbed対応マイコン・ボードの本格オフライン・デバッグ

プログラムが複雑になって期待通りの動作をしないときは，デバッガを使ってプログラムを修正します．printf関数である程度のデバッグは可能ですが，複雑な処理をprintfだけでデバッグすることは簡単ではありません．

このような場合にはオンラインではなく，オフライン（ローカル）の開発環境を使用します．

mbed HDKで提供されているCMSIS-DAPファームウェアは，SWD/JTAGデバッグを可能にしてくれます．ホストPCにインストールしたデバッグ・ソフトウェアと共に使用します．ここでは，Keil MDK-ARMを使用して本格的なデバッグを行う方法を解説します．

● ステップ1…Keil MDK-ARMのインストール

Keil MDK-ARMのインストーラは，https://www.keil.com/download/product/ ページからダウンロードします．ホストOSはWindowsのみです．MDK-ARM v4を選択してインストールします．

インストールすると，MDK-ARMはLite版として動作します．Lite版ではコンパイルやデバッグ可能なコードとデータのサイズ上限が32Kバイトに制限されています．

また，以下にある最新のシリアル・ドライバをインストールする必要があります．

- Handbook >> Windows serial configuration
- http://developer.mbed.org/handbook/Windows-serial-configuration

図C プロジェクト・ファイルをエクスポートする

図D Keil μVision4のプロジェクト・ファイルをダブルクリックするとIDEが立ち上がる

```
Build target 'mbed NXP LPC1768'
compiling main.cpp...
linking...
Program Size: Code=16332 RO-data=1904 RW-data=52 ZI-data=592
After Build - User command #1: fromelf --bin -o build¥mbed_blinky_LPC1768.bin build¥mbed_blinky.axf
".¥build¥mbed_blinky.axf" - 0 Error(s), 0 Warning(s).
```

図E コンパイルが成功したときのメッセージ

Programing)機能を提供しています．これは，パワー・オン・リセット時に特定の端子の電圧レベルの設定によってISPモードが起動され，パソコンとUSB接続された場合，DFU(Device Firmware Upgrade)クラスとして，マス・ストレージでマウントされます．

図11のように，マウントされたドライブ内にはFirmware.binというファイルがあります．マイコン内のファイルを書き換えたい場合は，このFirmware.binを削除して，新たにバイナリ・ファイルをコピーすることによって，デバイスの内蔵フラッシュ・メモリに書き込むことができます．

このしくみによって，トラ技ARMライタ(TG-LPC11U35-501)のようにmbedインターフェース・チップが実装されていないボードでも，書き込み機器を使用せずにターゲット・マイコンのフラッシュ・メモリにプログラムを書き込むことができます．

■ USB-UART変換ICとターミナル・ソフトを利用したシリアル・データ通信

ホストPC側とシリアル通信を行う場合は，UART(TxD, RxD端子)にUART-USB変換チップなどを接続する必要があります．市販のUSB-シリアル変換ボ

● ステップ2…プロジェクト・ファイルのエクスポート

エクスポート対象のプロジェクトをmbedオンライン・コンパイラで開きます．左側のプロジェクト・ウィンドウを右クリックして，ポップアップ表示されたメニューから，[Export Program...]を選択します．

図CのようにExport programダイアログでは，Export Toolchain:の項目で[Keil uVision4]を選んで[Export]ボタンを押すと.zip形式の圧縮されたプロジェクト・ファイルがダウンロードされます．

● ステップ3…プロジェクトのインポート

MDK-ARMのIDEであるμVision4にプロジェクトをインポートします．インポートと言っても特に複雑な手順は必要ありません．拡張子「.uvproj」がμVision4のプロジェクト・ファイルなので，ダブルクリックすると，μVision4 IDEが起動します(図D)．

● ステップ4…プロジェクトのコンパイル

Projectメニューから，Build targetを選択してビルドを行います．図Eのようなメッセージが Build Outputウィンドウに出力されます．エラーが表示されなければ，ビルドは成功です．

● ステップ5…デバッグの設定

念のため，デバッグ接続の設定を確認します．[Options for Target ...]のdebugタブのUse(ダイアログの右上)ラジオ・ボタンが選択され，接続先が"CMSIS-DAP Debugger"になっていることを確認します(図F)．

● ステップ6…デバッグ

デバッグを開始するには，[Start/Stop debug session]ボタンを押します．ターゲットのフラッシュ・メモリ上にプログラムが書き込まれ，デバッグ・セッションが起動します．ブレーク・ポイントを設定して，プログラムの任意の位置で実行を停止させたり，変数やメモリの内容を参照したりすることが可能です(図G)．

〈渡會 豊政〉

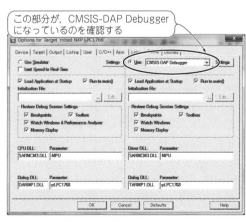

図F　デバッグ設定を確認する

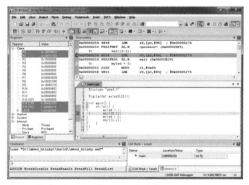

図G　デバッグ・セッションが起動され，ソース・レベルのデバッグができる

ードなどを使用して，ターミナル・ソフトでシリアル通信できます（**図12**）．あるいは，USB機能がサポートされているボードでは，UARTではなくmbed SDKで提供されているUSBSerialライブラリを使用して，USBコネクタ経由でprintf出力やscanf入力機能を使用することができます．

```
定義   ：USBSerial serial;
使用例：serial.printf("hello, world¥n");
```

USBSerailクラスは，UARTではなくUSBポートを使用しています．プログラム中でほかの用途にUSBポートを使わないのであれば，このほうが，USB-シリアル変換ボードを使うよりも簡単です．

mbed対応のマイコン基板は自炊できる…mbed HDKを使う

● 誰でもmbed対応の基板が作れる

mbedハードウェア開発キット（HDK，Hardware Development Kit）は，mbed SDK，mbedオンライン・コンパイラのネイティブ・サポート，mbedマイコン・ボードおよびカスタム製品を設計・製造するために必要な情報を提供します．CMSIS-DAPインターフェース設計を含んだ回路図やインターフェース・チップのファームウェアなどが含まれています．

mbed HDKの情報があれば，誰でもmbed互換ボードを作ることができます．**図13**のように提供されているリファレンス・デザインを参考にして小型の低価格ボードを作ったり，追加のデバイスを載せたり，カスタム・ボードを作成できます．また，カスタム・デ

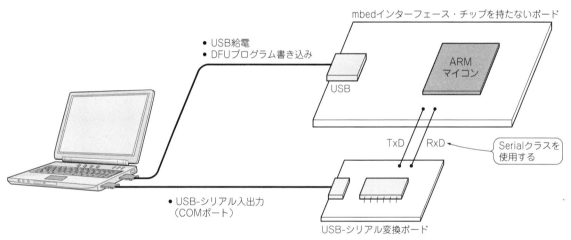

図12 USB-UART変換ICとターミナル・ソフトを利用すればシリアル・データ通信が可能

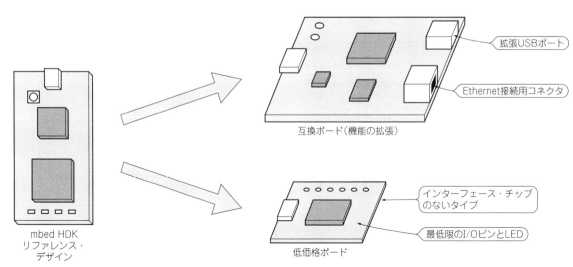

図13 mbed対応のマイコン基板は自炊できる
フリーのmbedハードウェア開発キット（HDK：Hardware Developement Kit）を利用する

ザインを行っても，既存の開発環境やライブラリがそのまま使用できることがmbed HDKを使用したハードウェア・デザインの大きな利点です．

● 公開されているリファレンス・デザイン

developer.mbed.orgで公開されているmbed HDKのリファレンス・デザインでは，以下のチップを使用したリファレンス実装(回路図)とファームウェア(バイナリ)を公開しています．回路図は，PDFと基板CAD Eagleのフォーマットで提供されています．

- インターフェース・チップ
  NXP LPC11U35/501，Freescale KL20Z
- ターゲット・チップ
  NXP LPC812，NXP LPC1768，Freescale KL25Z

リファレンス回路は，HDKに同梱されているファームウェア・バイナリで動作検証済みです．ユーザが機能を拡張したりする場合には，その部分の追加の検証が必要になります．

● ファームウェアのソース・コード

使用するインターフェースやターゲット・チップを変更する場合には，ファームウェアの変更も必要です．ファームウェアのソース・コードは，CMSIS-DAPという名称で，以下のリポジトリでオープン・ソースとして公開されています．

https://github.com/mbedmicro/CMSIS-DAP

ソース・コードは，Keil MDK-ARM 4.7x用のプロジェクト・ファイルとPythonのスクリプトから構成されます．ファームウェアのビルドには別途開発環境をインストールする必要があります．

使用するターゲット・チップを変更する場合は，mbed SDKがポーティング済みである必要があります．また，ターゲット・チップに合わせたフラッシュ・メモリの書き込みアルゴリズムの変更が必要です(フラッシュ・メモリのサイズや書き込み方式がチップによって異なるため)．

使用するインターフェース・チップをリファレンス実装とは別のデバイスに変更する場合は，インターフェース・チップのスタートアップ・コードや，GPIOアクセスのためのデバイス・ドライバ部分の変更が必要です．これは，ターゲット・チップと直接インターフェースを行う部分になり，新規のデバイスを使用する場合は，確実に動作させるための検証(デバッグ)が必要になります．

これがなきゃ始まらない！ コンパイラとエディタのありか「Compilerページ」

Compilerページ(http://developer.mbed.org/compiler/)は，インターネット・ブラウザ経由で使用可能です．ブラウザは，Internet Explorer，Firefox，Google Chromeなどを使用できます．ここでは，便利な使い方について解説します．

● コンパイラ機能は動画で習得！

オンライン・エディタのHelpアイコンをクリックすると，オンラインのヘルプ・ウィンドウが表示されます．Getting Startedのコンパイラの動画は簡潔にほとんどの機能を説明しているので，一度最後までご覧になることをお勧めします．この動画では，以下の機能が紹介されています．

- プログラムの作成とコンパイル
- リビジョンと公開
- インポートと更新
- フォークとコラボレーション
- ドキュメントとコードの探索
- ワークスペースの管理

● 覚えておくと便利な機能

プログラム開発時に使用する頻度が一番多い機能は，エディタではないでしょうか．オンラインで提供されているエディタは，行をマークする機能や，APIを参照する機能も充実しており，右クリックで表示されるポップアップ・メニューもさまざまな機能があります．

▶ Ctrl + /(Macの場合は，command + /)

行の先頭に//を付加(または削除)し，コメント行をトグルします．複数の行を選択して，コメントをトグルすることも可能です．Ctrl + shift + /の場合は，/* … */形式のコメントでトグルを行います．

▶ Tab(または，Shift + Tab)

選択した行のインデントを増やします．Shiftキーを押した場合にはインデントを減らします．

▶ ライブラリをインポートする

サンプル・コードやライブラリをインポートする場合には，[Import]ボタンをクリックします．プログラムやライブラリは，インポート数でソートできるので，人気のあるライブラリなどを素早く見つけることが可能です．インポートする頻度が多いライブラリやプログラムは，星印を付けてブックマークすることもできます．

〈渡會 豊政〉

Appendix1
クラウドで！ ブラウザで！ 公式サイトdeveloper.mbed.orgの歩き方　渡會 豊政 Toyomasa Watarai

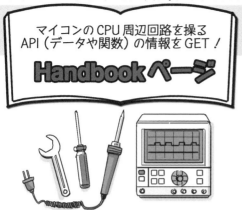

マイコンのCPU周辺回路を操るAPI（データや関数）の情報をGET！ **Handbookページ**

マイコンの違いを意識せずプログラムできるのはmbed共通ライブラリのおかげ．APIの解説や技術説明がどっさり載っている

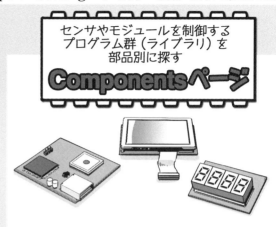

センサやモジュールを制御するプログラム群（ライブラリ）を部品別に探す **Componentsページ**

さまざまなセンサや通信モジュールを使うためのライブラリを探せる．自分が開発したライブラリを登録することもできる

使用するボード用のmbedライブラリをインポートする

使用したいライブラリやコードをインポートする

mbed対応のボードを選ぶ **Platformsページ**

プログラムを開発するツール一式はココに！ **Compilerページ**

選択したボードが登録される

30種類以上のmbed対応ボードから使いたいボードをチョイス

いろいろなライブラリを使って自分のプログラムを作る．ARMの最適化コンパイラが使用できる

世界のエンジニア仲間とワイワイ開発！ 9000以上のコードも使い放題！ 公式サイト **mbed.orgの歩き方**

http://developer.mbed.orgへアクセス！

コンパイルしたバイナリ・ファイルをダウンロード

インターネットにつながるパソコン

ターゲット・ボード

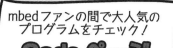

通信プロトコル，表示機能，オーディオ，モータ，インターフェースなどのライブラリが用途別に探せる．開発コミュニティが作成したいろいろなレシピが満載

ARM/mbedチームや開発コミュニティによって作成されたコードがすべて公開されている．人気のあるコードも一目瞭然

自分のコードやライブラリを公開できる

質問があれば，このページに投げてみよう．mbedチームやユーザが教えてくれる．自分の知っている質問があったら回答してみよう

チームやコード・リポジトリ，フォーラムがアップデートされると通知が届く．重要な情報を逃さないように

カテゴリ分けされたバーチャル会議室．世界中の開発者と議論してみよう．不具合や改善リクエストもこちらからどうぞ！

第4章 でき合いプログラムを書き込むだけ！

あっちゅう間にピカッ！

嘘みたい…mbedで10分Lチカ

島田 義人 Yoshihito Shimada

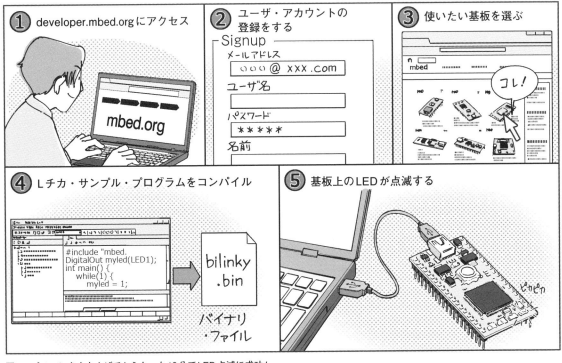

図1 パソコンを立ち上げてからたった10分でLED点滅に成功！

● mbedの導入は超簡単！

　mbedの開発はWebブラウザ上で行うので，パソコンに開発ツールをインストールする必要がありません．インターネットにつながっているパソコンさえあれば，いつでもどこでもプログラミングできます（**図1**）．しかも，このオンライン開発ツールは無料です．

　本章では，mbedで本書付属のトラ技ARMライタ基板のLEDを点滅させてみます．

［準備1］ユーザ・アカウントを登録する　所要時間：2分

　メール・アドレスを持っていれば，誰でもmbedの公式Webサイト（developer.mbed.org）にユーザ・アカウントを作成できます．次にユーザ・アカウントの登録手順を示します．

（1）mbedのWebサイト（http://developer.mbed.org/）にアクセスします［**図2(a)**］．ここで画面右上の緑色の［Login or signup］をクリックします．
（2）ログイン／アカウント登録ページ［**図2(b)**］が開きます．既存のアカウントでLoginするか，新規アカウントでSignupするかの画面が表示されるので，ここでは右側の［Signup］ボタンをクリックして新規でアカウント登録を始めます．

　アカウント登録後は，左側のLoginで「ユーザ名」と「パスワード」を入力して［Login］ボタンをクリックすると自分のアカウントでログインできます．

(a) mbedのWebサイトのトップページの[Login or signup]をクリックする

(c) アカウントを作ったことがあるかを確認する画面. [No,I haven't created an account before]をクリックする

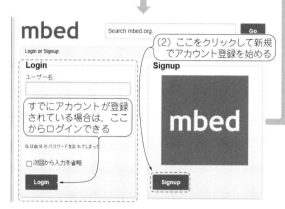

(b) "Signup"をクリックしてアカウント登録を始める

図2 準備1…ユーザ登録の手順

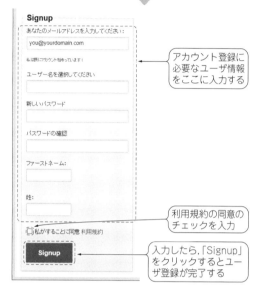

(d) メール・アドレス，ユーザ名，パスワード，名前を入力する

なお，「次回から入力を省略」にチェックを入れておくと「ユーザ名」や「パスワード」の入力なしにログインできるようになります．

(3)「Let's get started !」という開始画面［図2(c)］が表示されます．新規登録の場合は「No, I haven't created an account before」ボタンをクリックします．
(4) ユーザ情報の記入画面［図2(d)］が開きます．入力項目は，「メールアドレス」，「ユーザ名」，「新しいパスワード」，「パスワードの確認」，「ファーストネーム」，「姓」となっています．必要なユーザ情報を入力してから，最後に利用規約の同意のチェックをして，［Signup］をクリックするとユーザ登録が完了します．
(5) ログインに成功すると，mbedのWebサイト(http://developer.mbed.org/)のトップ画面が再び開き，画面の右上に登録した「ユーザ名」が表示されます．

［準備2］mbed指定マイコン・ボードを選んで登録する 所要時間：2分

ログイン画面右上［図3(a)］にある［Compiler］ボタンを押すと，オンライン上でコンパイラできるWorkspace Management画面［図3(b)］が開きます．この画面上でプログラムを作成していきます．その前に使用する基板を選ぶ必要があります．今回使用するトラ技ARMライタをプラットフォームに登録する手順を次に示します．

(1) Workspace Management画面［図3(b)］の右上にある［No device selected］をクリックします．
(2) プラットフォーム選択(Select a Platform)の画面［図3(c)］の画面左下にある［Add Platform］をクリックします．
(3) mbedプラットフォーム(http://developer.mbed.org/platforms/)が開きます．表示されているプラットフォームの中からトラ技ARMライタ「TG-LPC11U35-501」を選びます．TG-LPC11U35-501のページ［図3(d), http://developer.mbed.org/platforms/TG-LPC11U35-501/］を開いたら，画面の右側にある［Add to your mbed Compiler］をクリックします．
(4) プラットフォーム選択画面に戻ると，図3(e)のように「TG-LPC11U35-501」が追加されています．「TG-LPC11U35-501」を選択したあとで画面右上にある［Select Platform］をクリックすると登録が完了します．
(5) トラ技ARMライタがプラットフォームに登録されるとWorkspace Management画面右上［図3(f)］に「TG-LPC11U35-501」と表示されます．

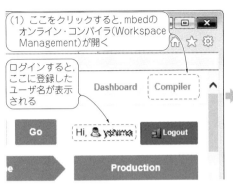
(a) Compilerのページを開く

(b) [No device selected]をクリックして使用するプラットホームを登録する

(c) プラットホームを選択する画面．[Add Platform]をクリックする

(d) 「TG-LPC11U35-501」のページを開き[Add to your mbed Compiler]をクリックする

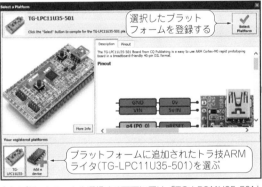

(e) プラットホームを選択する画面に戻り，「TG-LPC11U35-501」を選択して，右上のアイコン[Select Platform]をクリックする

(f) 登録が完了すると，右上に「TG-LPC11U35-501」が表示される

図3 準備2…使用するmbed指定マイコン・ボード「TG-LPC11U35-501」を登録する

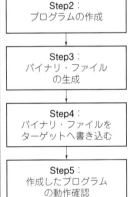
図4 Lチカまで5ステップでできる

［動作確認］Lチカ・プログラムを作る　所要時間：6分

● 動作確認済みのプログラムを呼び出すだけ

定番のLEDをチカチカと点滅させる（いわゆるLチカ）プログラムで動作確認をします．このLチカ動作のプログラムはテンプレート化されていて，すぐに試せるようになっています．ここでは図4に示す五つのステップでLチカします．

▶Step1：新規プログラムの生成

ログイン画面［図3(a)］の右上にある［Compiler］ボタンを押し，Workspace Management画面［図3(b)］に切り替えます．この画面左上［図5(a)］のメニューバーから［New］をクリックし，プルダウン・メ

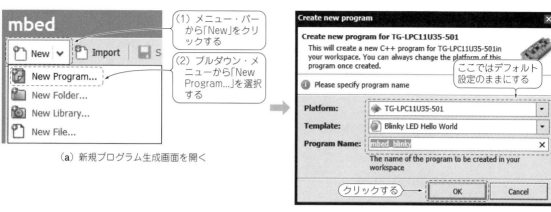

(a) 新規プログラム生成画面を開く

(b) デフォルトのまま,プロジェクトを生成する

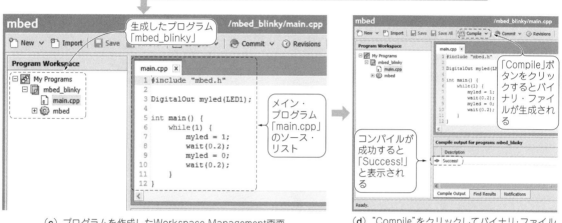

(c) プログラムを作成したWorkspace Management画面

(d) "Compile"をクリックしてバイナリ・ファイルを生成して,パソコンに保存する

(e) トラ技ARMライタがマウントされると,エクスプローラから"CRP DISABLD"として見える."firmware.bin"を削除して,"mbed_blinky_LPC11U35_501.bin"をコピーする

図5 プログラムは1行も書かないでOK! Lチカ・プログラムの作成手順

ニューから新規プログラム[New Program...]を選択すると,「Create new program」のウィンドウ画面が開きます[**図5(b)**].入力項目は上から,「Platform」,「Template」,「Program Name」を設定変更できるようになっていますが,ここではデフォルト設定のままOKボタンをクリックします.

▶Step2:プログラムを作成する

新規プログラムを作成すると,オンライン・コンパイラ画面[**図5(c)**]の左側にある「Program Workspace」に「mbed_blinky」というプログラムのリストが作成されます.ここでは,ソース・ファイル「main.cpp」とライブラリ・フォルダ「mbed」が表示されていて,メイン・プログラム「main.cpp」をダブル・クリックするとソース・ファイルが表示されます.このソース・ファイルはLチカ・プログラムとしてテンプレート化されています.

▶Step3:バイナリ・ファイルの生成

オンライン・コンパイラのメニューバー中央[**図5(d)**]にある[Compile]ボタンをクリックするとバイナリ・ファイルが生成されます.プログラムにerrorがなければ,画面下側にある「compile out for program: mbed_blinky」に成功を意味する

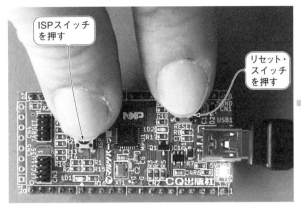

(a) ISPスイッチとリセット・スイッチの両方を押す

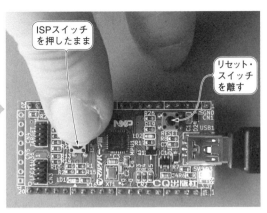

(b) リセット・スイッチを最初に離す

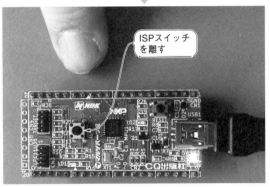

(c) 次にISPスイッチを離す

写真1 マイコン内蔵のフラッシュ・メモリを書き込み(ISP)モードにする方法

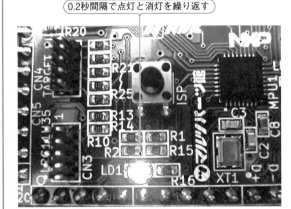

写真2 LED$_1$(基板シルクはLD$_1$)が点灯/消灯を繰り返す

「Success！」が表示されます．このとき，mbedサイトからバイナリ・ファイル「mbed_blinky_LPC11U35_501.bin」がダウンロードされます．ダウンロードしたファイルはパソコンに一時保存します．

▶Step4：バイナリ・ファイルをターゲットへ書き込む

トラ技ARMライタをパソコンのUSBポートに接続します．LPC11U35にプログラムを書き込む際には，ISP(イン・システム・プログラミング)と呼ばれるフラッシュ・メモリ書き込みモードに設定します．ISPモードへの移行手順を写真1に示します．手順は次の通りです．

(1) ISPスイッチとリセット・スイッチを両方押す [写真1(a)]
(2) リセット・スイッチを最初に離す [写真1(b)]
(3) 最後にISPスイッチを離す [写真1(c)]

マイコンがISPモードに移行すると，図5(e)に示すようにUSBドライブ(CRP DISABLD)としてマウントされます．ここでドライブ上の「firmware.bin」を削除してから，ダウンロードしたバイナリをCRP DISABLDドライブにコピーします．これでトラ技ARMライタにLチカ・プログラムが書き込まれます．

▶Step5：作成したプログラムの動作確認

最後にボード上のリセット・ボタンを押すとフラッシュ・メモリに書き込まれたLチカ・プログラムが起動します．写真2に示すように，LED$_1$が0.2秒間隔で点灯/消灯を繰り返し動作すれば成功です．

◆参考文献◆

(1) 島田 義人；デビュー！スマホ電子工作，トランジスタ技術，2014年3月号，CQ出版社．
(2) Getting started with mbed, ARM社 mbed ウェブ・サイト，http://developer.mbed.org/getting-started/

トラ技ARMライタの3個のLEDは "L" で点灯

トラ技ARMライタには**写真A**に示すように三つのLEDが搭載されています．動作確認用としてLED$_1$（赤色）とLED$_2$（緑色）が使用できます．LED$_3$（青色）は電源用で，USBコネクタから5V電源が供給されると点灯します．

図Aに示すように，LED$_1$とLED$_2$は+3.3V電源から電流制限用の抵抗1.5kΩを介して，それぞれp25(P0_20)ポートとp11(P0_21)ポートに接続されています．トラ技ARMライタは，出力ポートをプログラムでLレベルに設定するとLEDが点灯し[**図B(a)**]，逆にHレベルを出力すると端子には約3.3Vの電圧が出力されLEDは消灯します[**図B(b)**]．つまりトラ技ARMライタのLED点灯はアクティブ・ロー仕様です．

mbed NXP LPC1768ではHレベルでLEDが点灯するアクティブ・ハイ仕様になっています．ハードウェアの仕様によって，LED点灯の論理レベルが逆になっています． 〈島田 義人〉

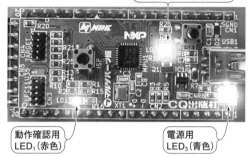

写真A　動作確認用としてLED$_1$（赤色）とLED$_2$（緑色）の二つのLEDが使用できる

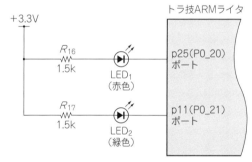

図A　動作確認用のLED$_1$とLED$_2$の回路

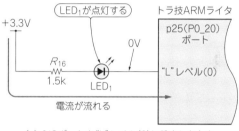

(a) I/Oポートを"L"レベル(0)に設定したとき

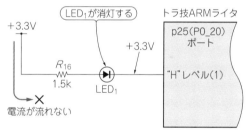

(b) I/Oポートを"H"レベル(1)に設定したとき

図B　ポートの出力レベルによってLEDが点灯/消灯する

さすが
コピペ系！

第5章 GPIOよし！PWMよし！UARTよし！USBよし！割り込みよ〜し！

Lチカ以外も全部OK！
でき合いプログラムで即動

島田 義人 Yoshihito Shimada

マイコンの周辺回路を動かす

トラ技ARMライタに搭載されているLPC11U35には，図1に示すようにさまざまな周辺回路が内蔵されています．これらを動かすのがマイコン攻略のはじめの一歩です．

公式サイトdeveloper.mbed.orgのHandbookページ（http://developer.mbed.org/handbook/Homepage/，図2）には，マイコン内蔵の周辺回路を動かすための解説とサンプル・プログラムが用意されています．自分のアカウントにサンプル・プログラムをインポート（オンライン・コンパイラに取り込むこと）によってすぐに動作させられます．

このサンプル・プログラムを使って，LPC11U35のGPIO回路とタイマ回路，UART回路，USB回路，割り込み回路を動かしてみます．

Lチカ・プログラムをインポートする

ここでは，「DigitalOut」のサンプルであるLチカ・プログラムを例にインポートする方法を説明します．

Handbookの中にディジタル入出力の基本ライブラリのページ（図3，http://developer.mbed.org/handbook/DigitalOut/）の「DigitalOut」（図3 ①）のリンクをクリックすると，ディジタル出力のページ［図4(a)］が開きます．そこには，サンプル・プログラム「DigitalOut_HelloWorld - main.cpp」が掲載されています．

このプログラムは，次の手順でオンライン・コンパイラに取り込めます．この手順は，ほかのプログラムを取り込むときも同じ動作です．

▶Step 1：サンプル・プログラムの右上にある［Import program］をクリックします［図4(a)］．
▶Step 2：mbedサンプル・プログラムを取り込むメッセージ［図4(b)］が表示されます．ここでサンプル・プログラム名を変更したい場合は「Import Name」の欄を書き換えます．「Update all libraries to the latest revision」にチェックを入れておくと，ライブラリが最新版に更新された状態でインポートされます．
▶Step 3：［Import］をクリックするとサンプル・プログラムがオンライン・コンパイラに取り込まれます［図4(c)］．

このプログラムは1行も変更する必要はありません．［Compile］でバイナリ・ファイルを生成します．ダ

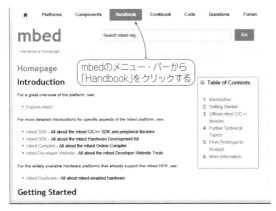

図2 マイコンのペリフェラルの使い方がわかる…Handbookページ（http://developer.mbed.org/handbook/Homepage）

図3 ディジタル入出力に関する基本ライブラリが見つかる

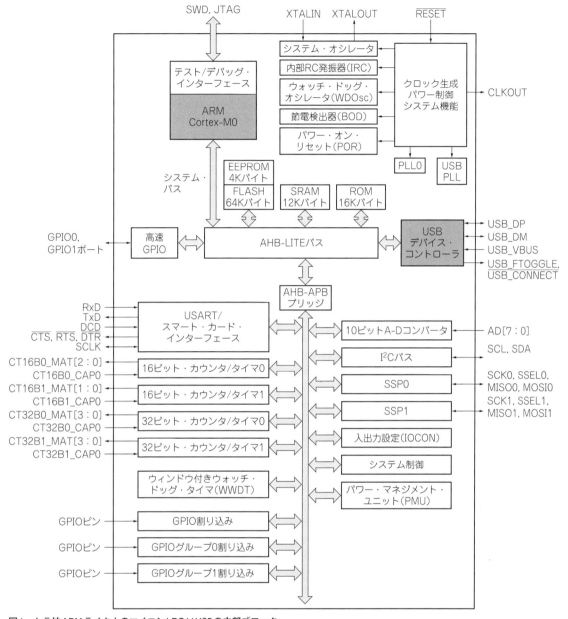

図1 トラ技ARMライタ上のマイコンLPC11U35の内部ブロック

ウンロードしたバイナリ・ファイルをISPモードへ移行したトラ技ARMライタに書き込みます．リセット・ボタンを押すとプログラムが起動して，LEDが点滅します．

【テスト運転1】GPIO回路
所要時間：3分

● スイッチ入力でLEDの点灯を制御する

I/Oポート（Input/Output port：入出力ポート）は，マイコンの手足です．マイコンを外部から制御するためには，何らかの信号をマイコンのI/Oポートへ入力する手段が必要です．

トラ技ARMライタのGPIOを使用して，スイッチの押下によりLED$_1$がON/OFFするプログラムを作成します．使用する入出力回路を図5に示します．

● ソフトウェア

Handbookページの中にディジタル入力の解説ページがあります．ここで「DigitalIn」（図3②）をクリックします．ディジタル入力のページ（図6）が開きます．掲載されているプログラム「DigitalIn_HelloWorld_Mbed-main.cpp」をコンパイラに取り込んで動かし

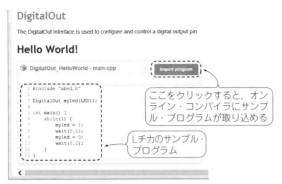

(a) 解説には必ずサンプル・コードが付いている．[Import program]をクリックするとCompilerページにソース・コードを取り込める

(b) Import Program画面．チェックを入れると最新版のライブラリがインポートされる

(c) Compilerページで取り込んだソース・コードを確認する

図4 サンプル・プログラムをインポートする手順

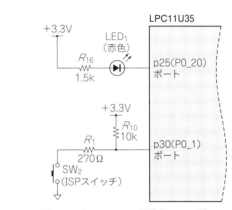

図5 マイコンのGPIO回路をテスト運転
スイッチを押したときLEDが点灯すればOK

ます．

リスト1は，サンプル・プログラムをトラ技ARMライタ用に次のように2個所変更したものです．

(1)「DigitalIn enable(p5);」の「p5」を「p30」に変更し，p30(P0_1)ポートに接続されているスイッチ（図5）を使えるようにします．
(2) 入力スイッチはR_{10}によってプルアップされているため，スイッチOFF時は入力がHレベルで，ON時にLレベルとなります．ここでは「enable」変数に「!」演算子を付けて入力判定を反転し，スイッチ入力でif文が実行されるように設定します．

● 動作確認

変更したプログラムをコンパイルしてトラ技ARMライタに書き込みます．リセット・ボタンを押すとプログラムが起動します．起動時はLED$_1$が点灯したままですが，スイッチを押すと写真1に示すように，LED$_1$が点灯/消灯を繰り返します．これでGPIOの動作が確認できます．

あれれ？オンライン・コンパイラはマウスでコピペができません

mbedオンライン・コンパイラのプログラム・ウィンドウ上で文字をコピーして貼り付けする場合は，マウスの操作だけではできません．コピーするときは該当箇所をマウスで指定したあとで，[Ctrl]+[C]キーを使います．また，貼り付けるときは，挿入箇所にカーソルを置き[Ctrl]+[V]キーを使います．マウスを右クリックしてもメッセージが表示されるだけです．

〈島田　義人〉

DigitalIn

The DigitalIn interface is used to read the value of a digital input pin.

Any of the numbered mbed pins can be used as a DigitalIn.

Hello World!

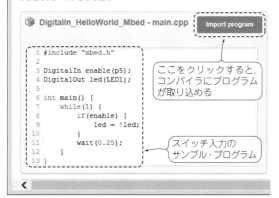

図6 ディジタル入力の解説ページからスイッチ入力でLEDが点灯するサンプル・プログラムを入手する

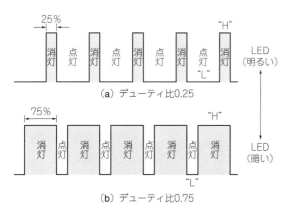

(a) デューティ比0.25

(b) デューティ比0.75

図7 LEDの明るさはPWM信号の"H"と"L"のパルス幅比(デューティ)で調節できる

【テスト運転2】タイマ回路
所要時間：3分

● PWM信号のデューティ比でLEDの明るさを制御する

タイマ回路のPWMを使って，図7に示すように1周期に対するHighの時間比率(デューティ比)を変えた信号を作ります．この機能を使って，LEDの明るさを変えてみます．

図8に示すように，トラ技ARMライタに搭載されているLED₂は＋3.3 Vの電源に1.5 kΩのR_{17}を介し，マイコンのI/Oポートに接続されています．"L"出力で点灯するため，図7(a)のようにデューティ比を小さくすると点灯している割合が大きくなり，LEDが明るく発光しているように見えます．逆に図7(b)のようにデューティ比を大きくすると消灯している割合

リスト1 スイッチ入力でLEDを点滅制御するDigitalInプログラム
ポート番号をスイッチの論理を変更した．変更個所を太字で示す

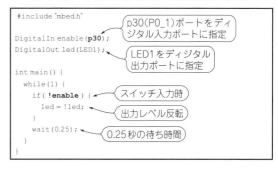

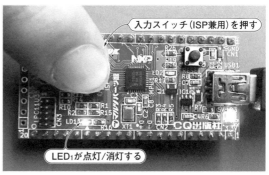

写真1 リスト1を実行したようす
プッシュ・スイッチ(ISP兼用)を押すとLED₁が点灯/消灯する

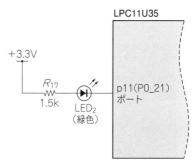

図8 タイマ回路のテスト運転の回路
LED₂は"L"を出力すると点灯する

が大きくなり，LEDが暗く発光しているように見えます．

● ソフトウェア

Handbookの「DigitalI/O」に「PwmOut - Pulse - width modulated output」という項目があります(図3③)．ここの「PwmOut」をクリックするとPWM出力の解説ページ(図9)が開きます．サンプル・プログラム「PwmOut_HelloWorld - main.cpp」をインポートします．

リスト2のようにLED₁をLED₂に変更します．これは，表1に示すように，PWM信号が16/32ビット・

マイコンが入力信号のH/L判定に要する時間を測定する定石テクニック

"H"/"L"が確定するまでの時間を求めるプログラムを**リストA**に示します．ディジタル出力ポート（LED₁）の"H"と"L"の出力を切り替える間にディジタル入力を行う「inputSW」を挿入しています．ディジタル入力は「inputSW」と定義したp30（P0_1）ポートのレベルの状態を「inputData」という変数に格納します．

入力信号の"H"/"L"が確定するまでの時間は，**図A**に示すようにディジタル出力の時間測定から間接的に求めます．

まず，"H"/"L"切り替え時の出力波形を**写真A**に示します．ここで"H"の出力時間が$t_{OH} = 0.17\,\mu s$とわかります．次に"H"と"L"の出力を切り替える間にディジタル入力を挿入したときの出力波形を**写真B**に示します．"H"の出力時間（$0.38\,\mu s$）は，先に測定した出力時間t_{OH}とディジタル入力時間t_{in}が合わさった時間として出力されます．したがって，$t_{in} = 0.38 - 0.17 = 0.21\,\mu s$と間接的に求まります．

あまり高速なパルス信号を入力する用途には向きませんが，数百kHz程度までのパルス信号を扱う用途であれば周波数カウンタも作れるでしょう．

〈島田 義人〉

リストA 入力信号のH/L判定に要する時間を測るプログラム

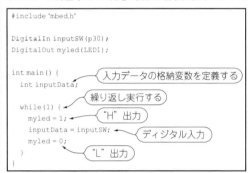

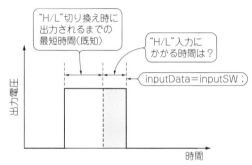

図A マイコンが入力信号のH/L判定に要する時間は，入力信号があるときとないときの出力信号のH/L切り替え時間の差分でわかる

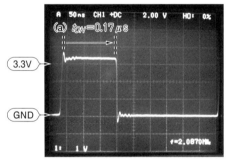

写真A H→Lに切り替え時の出力信号（1 V/div，50 ns/div）

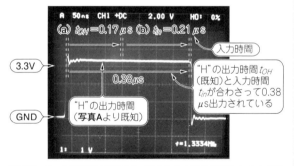

写真B H→L切り替え時にディジタル入力関数を挿入したときの出力波形（1 V/div，50 ns/div）
ディジタル信号の入力時間t_{in}は，出力時間$0.38\,\mu s$と"H"の出力時間t_{OH}の$0.17\,\mu s$の差から，$0.21\,\mu s$とわかる

タイマ・マッチ出力ポートでなければ出力できないからです．LED₁のP0_20ポートではPWM信号は出力できません．

このプログラムは変数pを0から1まで0.1ステップ刻みで増加させ，led = pの式でPWM信号を出力しています．wait(0.1)は0.1秒の時間待ちです．while(1)は無限に実行されるため，LED₂の発光が明るくなったり暗くなったりを繰り返します．

● 動作確認

写真2にLEDの発光量が変化するようすを示します．p = 0.25設定時（PWMデューティ比25 %）では，LED₂が明るく光り，p = 0.75設定時（PWMデューティ比75 %）では光が暗くなります．

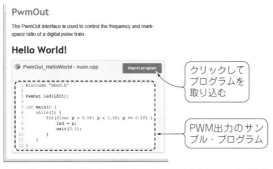

図9 PwmOutの解説ページからLEDの明るさをPWMで制御するサンプル・プログラムを入手する

リスト2 LEDの明るさをPWMで制御するPwmOutのプログラム
16/32ビット・タイマ・マッチ出力ポートとして使用できるLED$_2$に変更した．変更個所を太字で示す

```
#include "mbed.h"

PwmOut led(LED2);    ← LED2接続ポートをPWM出力に指定

int main() {
  while(1) {
    for(float p = 0.0f; p < 1.0f; p += 0.1f) {   ← 変数pを0から1まで0.1ステップ刻みで増加させる
      led = p;       ← PWM信号を出力
      wait(0.1);     ← 0.1秒の待ち時間
    }
  }
}
```

表1 PWM信号を出力できる端子一覧
LED$_2$が接続されているp11(P_21)を使う

ピン番号	mbed端子名	LPC11U35接続信号	説 明
CN$_1$-5	p5(P0_9)	PIO0_9/MOSI0/CT16B0_MAT1	16ビット・タイマ0マッチ1出力ポート
CN$_1$-6	p6(P0_8)	PIO0_8/MISO0/CT16B0_MAT0	16ビット・タイマ0マッチ0出力ポート
CN$_1$-9	p9(P0_19)	PIO0_19/TXD/CT32B0_MAT1	32ビット・タイマ0マッチ1出力ポート
CN$_1$-10	p10(P0_18)	PIO0_18/RXD/CT32B0_MAT0	32ビット・タイマ0マッチ0出力ポート
CN$_1$-11	p11(P0_21)	PIO0_21/CT16B1_MAT0	16ビット・タイマ1マッチ0出力ポート，LED$_2$(緑色LED)に接続
CN$_1$-12	p12(P0_22)	PIO0_22/AD6/CT16B1_MAT1/MISO1	16ビット・タイマ1マッチ1出力ポート
CN$_1$-13	p13(P1_15)	PIO1_15/DCD/CT16B0_MAT2/SCK1	16ビット・タイマ0マッチ2出力ポート，CN$_1$-13ピンとCN$_2$-15ピンと導通
CN$_2$-15	p26(P1_15)		
CN$_2$-11	p30(P0_1)	PIO0_1/CLKOUT/CT32B0_MAT2/USB_FTOGGLE	32ビット・タイマ0マッチ2出力ポート

(a) デューティ比25%(p=0.25)設定時

(b) デューティ比75%(p=0.75)設定時

写真2 リスト2を実行したようす
PWMのパルス幅を変えるとLED$_2$の明るさが変わる

写真3に出力信号波形を示します．p=0.25設定時(PWMデューティ比25%)のとき，波形は周期Tが20 msでパルス幅Wが5 msとなっています．また，p=0.75設定時(PWMデューティ比75%)のとき，同じく周期Tが20 msで，パルス幅Wが15 msとなっています．

【テスト運転3】UART回路
所要時間：10分

● パソコンとの通信によりUART回路を確認する
シリアル・インターフェースである汎用非同期送受信(UART：Universal Asynchronous Receiver Transmitter)機能の基本ライブラリを解説します．UART機能を使いこなせると，パソコンからの指示でマイコンを動かせるうえ，マイコンの動きをパソコンに送り出せます．また，UART-シリアル通信端子にXBee Wi-FiやBluetoothなどの無線モジュールを接続すれば，ワイヤレスでデータの送受信を行えます．端末はパソコンだけでなく，スマホやタブレットなどにも接続できるようになり制御範囲がグッと広がります．

トラ技ARMライタは，基板に実装されているUSBポートを介してパソコンと直接通信できます．その場

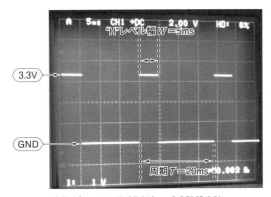
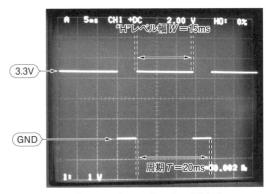

(a) デューティ比25％(p＝0.25)設定時 (b) デューティ比75％(p＝0.75)設定時

写真3　LED₂が接続しているp11(P0_21)ポートの出力波形

合は外付けモジュールの接続は不要です．【テスト運転4】USB回路で解説しているUSB-シリアル通信を参照してください．

● 回路構成

▶パソコンと通信するためにUSB-シリアル変換モジュールを接続する

トラ技ARMライタとUSB-シリアル変換モジュール（ここでは，MPL2303SA，**写真4**を使用）を**図10**，**写真5**のように接続します．トラ技ARMライタのUART送信出力ポート（TxD端子）はUSB-シリアル変換モジュールMPL2303SAのUART受信入力ポート（RxD端子）側に接続し，トラ技ARMライタのUART受信入力ポート（RxD端子）はUSB-シリアル変換モジュールMPL2303SAのUART送信出力ポート（TxD端子）側に接続します．逆接続しやすいため注意してください．また，トラ技ARMライタ用のUSBポートはミニUSBコネクタ・タイプですが，USB-シリアル変換モジュールMPL2303SAは，マイクロUSBコネクタとなっています．それぞれUSBコネクタのタイプが異なっているので注意してください．

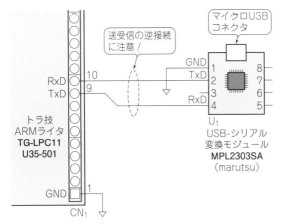

図10　UART回路のテスト運転…UART-シリアル通信の回路
TxDとRxDの2本をつなげる

▶パソコンにUSBドライバをインストールする

USBシリアル・ブリッジIC PL2303SA（Prolific Tec

写真4　実験に使ったUSB-シリアル変換モジュール（MLP2303SA）モジュール（marutsu）

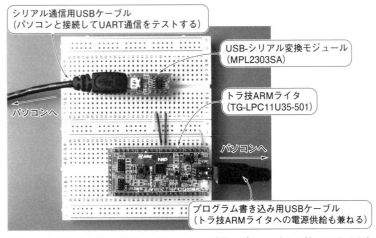

写真5　UART回路のテスト運転…USB-シリアル変換モジュールとトラ技ARMライタを接続する

図11 UART回路のテスト運転…USB-シリアル変換モジュールがパソコンに認識されたか確認する
ここの例ではCOM番号は17

図12 シリアル通信の解説ページからUART-シリアル通信でHello World！というデータを送信するサンプル・プログラムを入手する

リスト3 UART-シリアル通信で文字を入出力できるSerialのプログラム
UARTのシリアル・ポートとボーレートを変更した

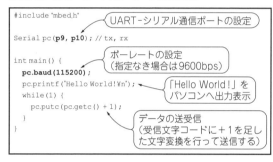

hnology Inc.)のUSBドライバ「PL2303 Driver Installer」をインストールします．ドライバは下記のURL(Prolific Technology Inc.)から入手できます．

　　http://www.prolific.com.tw

Windows用のUSBドライバ・ファイル名は，PL2303_Prolific_DriverInstaller_v1.9.0.zipです（執筆当時）．所定のフォルダにファイルを解凍してからPL2303_Prolific_DriverInstaller_v1.9.0.exeファイルを起動します．インストール時は，USBシリアル・ブリッジICをパソコンに接続しないでください．セットアップ・ウィザードの画面から，「次へ(N)>」をクリックするとインストールが行われます．

インストールが完了したら，USBケーブルでパソコンとUSBシリアル・ブリッジIC(PL2303SA)を接続します．Windows上のコントロールパネルなどからデバイスマネージャーを開き，ポート(COMとLPT)に「Prolific USB‐to‐Serial Comm Port(COM…)」という表示があればUSBシリアル・ブリッジICが正しく認識されています（**図11**）．このとき，割り当てられたCOMポート番号をメモしておきます．

● ソフトウェア
▶トラ技ARMライタ用に3個所だけソフトを変更する
Handbookの「Communication Interfaces」に「Serial‐Serial/UART bus」という項目があります．ここの「Serial」をクリックするとUART-シリアル通信の解説ページ（**図12**）が開きます．サンプル・プログラム「Serial_HelloWorld_Mbed‐main.cpp」をインポートします．

リスト3はトラ技ARMライタ用に次のように変更しています．

(1) UART-シリアル通信ポートの設定では，UART送信出力ポート(TxD端子)を「p9」，UART受信入力ポート(RxD端子)を「p10」とします．
(2) オリジナルのサンプル・プログラムではボーレート設定の記述がありません．デフォルトでは「9600 bps」に固定されています．ここでは，ボーレートを変更できるようにプログラムを1行追加し「115200 bps」に設定しておきます．

▶プログラムの動作
リスト3を実行すると，**図13**のようにUARTを使ってトラ技ARMライタからデータが送受信されます．

(1) まずパソコン側のTera Termなどのターミナル・ソフトから，文字データ（ここでは，例として 'a'）をキー入力します．
(2) USB-シリアル変換ICのTxD端子を経由して文字データ'a'をトラ技ARMライタへ送信します．

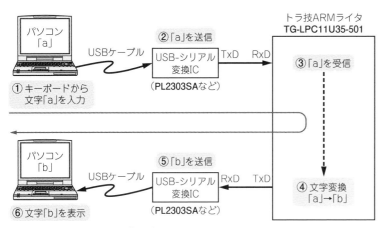

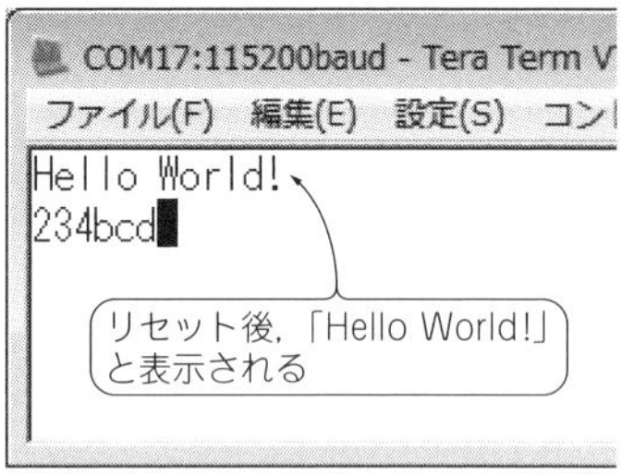

図14 リスト3のプログラムを実行した結果

パソコンから"123abc"と入力したので，画面上には＋1した結果("234bcd")が表示される

図13 UART回路のテスト運転の流れ
パソコンから"a"という文字データが入力されたら，＋1した結果("b"という文字データ)をパソコンに返す

(3) トラ技ARMライタのRxD端子で文字データを受信します．
(4) トラ技ARMライタは受け取ったデータを 'a' → 'b' へ文字変換します．
(5) USB-シリアル変換ICのRxD端子を経由して，トラ技ARMライタのTxD端子から変換データを送信します．
(6) パソコンの画面上に変換データ'b'を表示します．

● 動作確認

Windows用ターミナル・エミュレータのフリーソフトの定番であるTera Termを利用して文字データの送受信を確認します．ソフトウェアの入手や詳しい内容については，次のWebサイトなどをご覧ください．

http://ttssh2.sourceforge.jp/

トラ技ARMライタにプログラムを書き込み，リセット・スイッチを押します．図14に示すようにパソコンのTera Termの画面上に「Hello World!」と表示されます．次にキーボードから文字を入力します．数字キーを押したときには1を足した数に変換され(例えば，'1'ならば'2'に変換)，アルファベット・キーを押したときは次のアルファベットに変換された文字が表示(例えば，'a'ならば'b'に変換)されたら成功です．

【テスト運転4】USB回路
所要時間：10分

● パソコンとの通信によりUSB回路を確認する

トラ技ARMライタにはUSBポートが付いているので，USB-シリアル変換モジュールがなくてもパソコンと通信ができます．ここではmbedでサポートされているUSBSerialクラスの関数を使用します．パソコンからscanf入力を使った指示でマイコンを動かし，printf出力でマイコンの動きをパソコンに送り出せます．また，printf出力を使って変数値などを読み出せば，プログラムのデバッグにも役立ちます．

● パソコン用USBドライバの入手

Handbookの「Communication Interfaces」に「USB Device - USBSerial」という項目があります．ここの「Serial」をクリックすると図15に示すUSBSerialの解説ページ(http://developer.mbed.org/handbook/USBSerial)が開きます．

パソコン用ドライバUSB CDC(CDC：コミュニケーション・デバイス・クラス)を入手します．図15の「Driver required on Windows!」の項目にある「archive」をクリックすると，「serial.zip」というパソコン用ドライバ・ファイルがダウンロードできます．ファイルを解凍して「serial.inf」ファイルとして保存しておきます．

図15 USBSerial解説ページからパソコン用ドライバを入手する

■ マイコンからパソコンへデータを送信する

● ソフトウェア

図15のUSBSerialのページにあるサンプル・プログラム「USBSerial_HelloWorld‐main.cpp」をインポートします．リスト4に実験に使用したプログラムを示します．このプログラムはUSB‐シリアル通信にて，パソコンの画面上に1秒間隔で「I am a virtual serial port」と繰り返し表示するものです．このプログラムにはUSBSerialクラス（図16）が必要ですが，サンプル・プログラムをインポートするとUSBDeviceライブラリが一緒に取り込まれます．

このサンプル・プログラムはコンパイルすると警告メッセージが表示される場合がありますが，「Success!」

リスト4　USB‐シリアル通信USBSerial_HelloWorldのプログラム
プログラムの変更なしで動く

図16　リスト4のプログラムを使うにはUSBSerialクラスが必要

コンパイル・エラーが出たらここを疑え！

プロでもハマる

Handbookにあるサンプル・プログラムをインポートする際，「Update all libraries to the latest revision」にチェックを入れ忘れてしまうと，コンパイル時に思わぬエラーが発生することがあります．サンプル・プログラムの中には，トラ技ARMライタ（TG‐LPC11U35‐501）の対応よりも古い時期に作られたものがあり，mbedライブラリ側でのサポート・ターゲットに含まれていないためです．以下の手順でmbedライブラリのリビジョンを最新にすることで対処できます．

▶Step1：Program Workspaceでエラーが発生したプログラムにあるmbed（歯車のアイコン）を選択する（図C①）．
▶Step2：右クリックでメニュー画面を表示して，Revisionsをクリックする（図C②）．
▶Step3：表示されたmbedライブラリのリビジョンのリストで一番上のエントリ（一番新しいリビジョン）を選択する（図D③）
▶Step4：Switchをクリックする（図D④）

これで最新版のライブラリが選択されるので，再度コンパイルを行ってみてください．〈島田 義人〉

図C　Program Workspaceの操作画面例
mbedライブラリのリビジョンを表示する

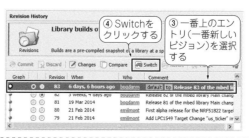

図D　mbedライブラリのリビジョンの表示例

の表示が出れば問題ありません．エラーが発生する場合は，ライブラリの更新を行います（**コラム**，p.81参照）．

● 動作確認

トラ技ARMライタにプログラムを書き込み，リセット・スイッチを押します．プログラムが実行されると，パソコン用ドライバUSB CDCがインストールされます．自動でインストールができない場合は，次の手順で再インストールできます．

▶ **Step1**：デバイス マネージャーを開き，ほかのデバイスとして表示されている「CDC DEVICE」を右クリックして開いたウィンドウからドライバーソフトウェアの更新をクリックします［**図17(a)**］．
▶ **Step2**：ドライバーソフトウェアの検索方法の選択画面［**図17(b)**］から，「コンピューターを参照してドライバーソフトウェアを検索します」をクリックします．

▶ **Step3**：ドライバーソフトウェアの検索場所の指定画面［**図17(c)**］から，先に入手したパソコン用ドライバ(serial.inf)の格納フォルダを検索場所に指定します．
▶ **Step4**：途中でWindowsセキュリティ画面の表示が出る場合がありますがインストールを続行します．インストールが正常に終了すると，仮想シリアル・ポート(Mbed Virtual Serial Port)としてCOM番号が割り当てられます．
▶ **Step5**：デバイスマネージャーを開き，仮想シリアル・ポート(Mbed Virtual Serial Port)としてCOM番号が割り当てられていることを確認します［**図17(d)**］．

Windows用ターミナル・エミュレータTera Termを利用して動作確認をします．通信ができていれば，**図18**に示すようにパソコン(Tera Term)の画面上に「I am a virtual serial port」と連続して表示されます．

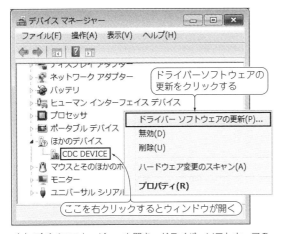

（a）デバイスマネージャーを開き，ドライバーソフトウェアの更新をクリックする

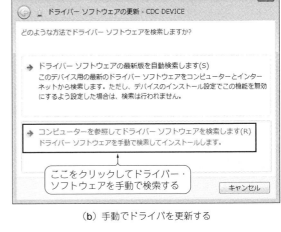

（b）手動でドライバを更新する

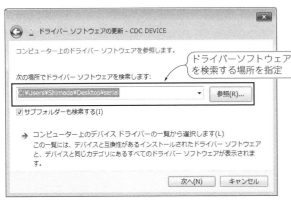

（c）入手したパソコン用ドライバ(serial.inf)を格納したフォルダを指定する

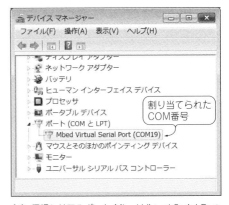

（d）仮想シリアルポート Mbed Virtual Serial Port (COM19)が割り当てられた

図17　パソコンにドライバを入れる方法

■ マイコンとパソコン間でデータを送受信する

● ソフトウェア

解説ページにはUSB-UART間の相互シリアル通信を試すサンプル・プログラム「USBSerial_echo-main.cpp」も掲載されています．トラ技ARMライタ用に変更したプログラムをリスト5に示します．

図19のように，UART通信にはUSB-シリアル変換モジュールをトラ技ARMライタに接続します．それぞれパソコンのUSB端子に接続すると，相互でシリアル通信の動作が確認できます．トラ技ARMライタとUSB-シリアル変換ICのUSBコネクタは，2台のパソコンと接続するか，または複数のUSBポートをもつパソコン1台と接続します．データ送受信の流れを簡単に示します．

(1) まずパソコン側のTera Termなどのターミナル・ソフトウェアを使って，キー入力した文字列データ(ここでは，例として 'ABC')をUSB-シリアル通信で送信します．
(2) USBポートを介してトラ技ARMライタが文字列データを受信します．
(3) トラ技ARMライタは受信した文字列データをUSBポートを介してパソコンへ返します(エコー・バック)．
(4) USB-シリアル通信でパソコンの画面上に文字列データが表示されます．
(5) トラ技ARMライタはUSB-シリアル変換ICを経由して，UART-シリアル通信で受信した文字列データをパソコンへ送ります．
(6) UART-シリアル通信でも同様にパソコンの画面上に文字列データが表示されます．

● 動作確認

トラ技ARMライタにプログラムを書き込み，リセット・スイッチを押してみましょう．

図18 リスト4のプログラムを実行した結果
パソコン(Tera Term)の画面上に文字列が連続表示される

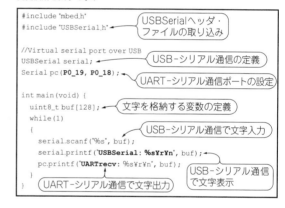

リスト5 USB⇔UART相互シリアル通信USBSerial_echoのプログラム
変更個所を太字で示す

```
#include "mbed.h"                    ← USBSerialヘッダ・
#include "USBSerial.h"                  ファイルの取り込み

//Virtual serial port over USB
USBSerial serial;                   ← USB-シリアル通信の定義
Serial pc(P0_19, P0_18);            ← UART-シリアル通信ポートの設定

int main(void) {
  uint8_t buf[128];                 ← 文字を格納する変数の定義
  while(1)
  {                                 ← USB-シリアル通信で文字入力
    serial.scanf("%s", buf);
    serial.printf("USBSerial: %s\r\n", buf);
    pc.printf("UARTrecv: %s\r\n", buf);   ← USB-シリアル通信
  }                                        で文字表示
}      ← UART-シリアル通信で文字出力
```

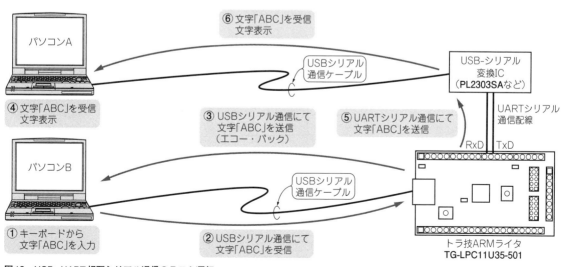

図19 USB-UART相互シリアル通信のテスト運転
トラ技ARMライタとUSB-シリアル変換ICのUSBコネクタは，2台のパソコンと接続するか，または複数のUSBポートをもつパソコン1台と接続する

図20 リスト5を実行した結果
USB-シリアル通信にて文字列を送ると，USBとUARTの両方のシリアル通信を介してそれぞれ文字列がパソコン(Tera Term)の画面上に表示される

図20に実行結果を示します．パソコンからUSB-シリアル通信にて文字列を送ると，USBとUARTの両方のシリアル通信を介して，それぞれ文字列が表示されます．

【テスト運転5】割り込み回路
所要時間：10分

■ イベント割り込み機能を用いたスイッチ入力でLEDの点灯／消灯を制御する

● ソフトウェア

Handbookの「Time and Interrupts」に「InterruptIn - Trigger an event when a digital input pin changes」という項目があります．ここの「InterruptIn」をクリックすると割り込み入力の解説ページ（図21）が開きます．サンプル・プログラム「InterruptIn_HelloWorld - main.cpp」をインポートします．

リスト6にトラ技ARMライタ用に変更したプログラムを示します．ISPスイッチを割り込み入力用スイッチとして使用し，LED_1（赤色）とLED_2（緑色）の二つのLEDを点滅動作させます．

● 動作確認

トラ技ARMライタにプログラムを書き込み，リセット・スイッチを押します．

通常動作はLED_2（緑色）が0.25秒間隔で点滅動作します．割り込みは押された入力スイッチが離れたON→OFF時（立ち上がりエッジ）で発生します．このとき割り込みが発生するたびにLED_1（赤色）が点灯／消灯します．LED_2は割り込みがあっても影響せずに0.25秒間隔でずっと点滅を繰り返します（**写真6**）．

■ イベント割り込みでスイッチの入力回数をカウントする

● ソフトウェア

前述のイベント割り込み機能を使ったスイッチの実験では，チャタリング（**コラム**，p.85）の発生によって，LEDの点灯／消灯が期待と違った動作をする場合があります．トラ技ARMライタは有接点スイッチを使っており，スイッチを1回押したつもりでも，実際には不確定多数のパルスが入力されたものとマイコンが判断してしまいます．そこで入力回数をカウントしてチャタリングを捉えてみます．

Handbookの割り込み入力「InterruptIn」の解説ページにはイベント割り込みで入力回数をカウントするサンプル・プログラムが掲載されています．このプログラムをインポートします．

リスト7に実験に使用したプログラムを示します．割り込み入力ポートの定義では，立ち上がりエッジ（ス

リスト6 割り込み入力でLEDを点滅制御するInterruptInのプログラム
ポート番号とLED番号を変更した．変更箇所を太字で示す

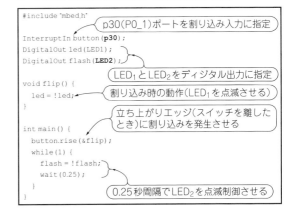

図21 割り込み入力（InterruptIn）の解説ページからサンプル・プログラムを入手する

イッチを離したとき）に割り込みを発生させ，count変数を＋1増加するincrement関数を呼び出します．メイン関数はUART-シリアル通信でパソコンの画面上にカウント値を2秒間隔で表示します．

● 動作確認

図22に入力回数を表示したTera Termの画面例を示します．プログラムを実行してから最初にスイッチを1回押した段階で実際には3回のパルスが入力されたものと判断されました．複数回のチャタリングの影響を受けています．

応用！ 割り込み回路＋タイマ回路を使った周波数カウンタ 所要時間：10分

● 周波数カウンタ・ボードを作る

割り込みとタイマを応用したちょっと実用的なプログラムを作成します．製作した周波数カウンタ・ボードを写真7に示します．トラ技ARMライタにUSB-シリアル変換モジュールを接続してUART-シリアル通信でパソコンに測定データを送ります．あとはp30（P0_1）ポートに測定する信号を入力するだけです．入力信号は0〜3.3Vの矩形パルス信号が望ましいです．

どんなスイッチも切り替え直後は接点がバタバタする

有接点スイッチ（機械的接触をする接点のスイッチ）を使うと，スイッチ・レバーのわずかな振動などのため，図Eに示すように接点状態が高速に何度も切り替わる現象がおこります．この現象をチャタリングと呼びます．チャタリングが発生すると，スイッチを1回押したつもりでも，実際には不確定多数のパルスが入力されることになり，マイコンは複数回のスイッチ入力があったと判断して誤動作を起こします．表Aに主なスイッチの種類とチャタリングの実測時間を示します．ただし，スイッチの動かし方一つでチャタリングが大きく変わるので，記載の時間は目安程度に考えてください．

スイッチはトラ技ARMライタに実装されてハード的な改造は難しいので，プログラムでチャタリングを回避する方法を紹介します．図F(a)に示すように，チャタリングは一時的な現象であるため，スイッチのON/OFF後，しばらく待って安定した時点で判定するといった方法です．判定までの時間がある程度（数十ms程度）必要ですが，インターバルを設けるだけのプログラムで対処できます．もう少し判定を早めに行う方法もあります．少々複雑になりますが，図F(b)のように，一定時間サンプリングしておき，プログラムにより3回一致した時点でスイッチ入力を判定する方法です． 〈島田 義人〉

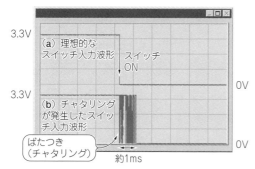

図E スイッチ入力波形（1 V/div，1 ms/div）
3.3Vと0Vを激しく繰り返している

表A スイッチの種類とチャタリング時間

スイッチ種類	チャタリング時間
トグル・スイッチ	2 m〜3 ms
ミニ・トグルスイッチ	1 m〜2 ms
マイクロスイッチ	
タクト・スイッチ	1 ms以下
ロータリ・エンコーダ	

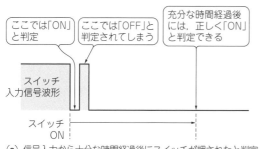

(a) 信号入力から十分な時間経過後にスイッチが押されたと判定　(b) サンプリングして，3回連続一致でスイッチが押されたと判定

図F プログラムでチャタリングを回避する例

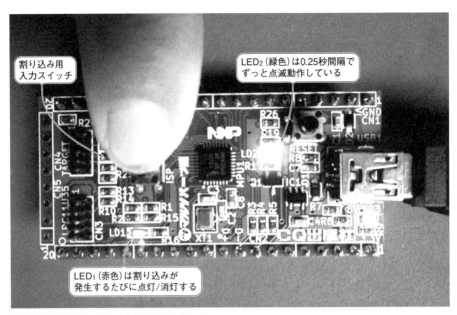

写真6 リスト6のプログラムを実行したようす
LED₂を点滅動作中にスイッチにより割り込みを発生させてLED₁の点灯/消灯を行う

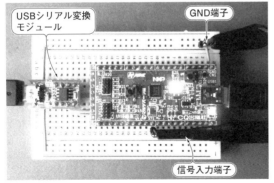

図22 スイッチ入力回数をカウントした結果
入力回数は2秒ごとに累積して表示されていく

ここでは、スイッチを1回押したつもりであったが、実際には3回のパルスが入力されたと判断されている

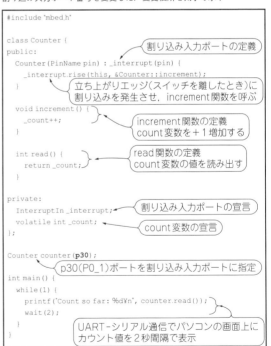

写真7 割り込み回路とタイマ回路を使った応用事例…周波数カウンタ・ボード

リスト7 割り込み入力でスイッチを押した回数をカウントするプログラム
割り込み入力ポート番号を変更した．変更箇所を太字で示す

```
#include "mbed.h"

class Counter {
public:
  Counter(PinName pin) : _interrupt(pin) {  // 割り込み入力ポートの定義
    _interrupt.rise(this, &Counter::increment);
  }                                          // 立ち上がりエッジ（スイッチを離したとき）に
                                             // 割り込みを発生させ，increment関数を呼ぶ
  void increment() {
    _count++;                                // increment関数の定義
  }                                          // count変数を＋1増加する

  int read() {                               // read関数の定義
    return _count;                           // count変数の値を読み出す
  }

private:
  InterruptIn _interrupt;                    // 割り込み入力ポートの宣言
  volatile int _count;                       // count変数の宣言
};

Counter counter(p30);
                                             // p30(P0_1)ポートを割り込み入力ポートに指定
int main() {
  while(1) {
    printf("Count so far: %d\n", counter.read());
    wait(2);
                                             // UART-シリアル通信でパソコンの画面上に
  }                                          // カウント値を2秒間隔で表示
}
```

● プログラム

プログラムはオンライン・コンパイラのインポート・ウィザードからサンプル・プログラム「Frequency_counter」を検索して取り込みます（図23）．リスト8に実験に使用したプログラムを示します．まず，UART-シリアル通信ポートを定義して，パソコンの画面上に周波数の測定結果が表示できるようにします．次に信号を入力するp30(P0_1)ポートを割り込み入力

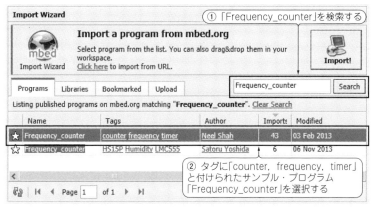

図23 サンプル・プログラムをインポートする方法

リスト8 タイマとイベント割り込み入力を応用した周波数カウンタFrequency_counterのプログラム
UART通信ポートとwait時間を変更した．変更箇所を太字で示す

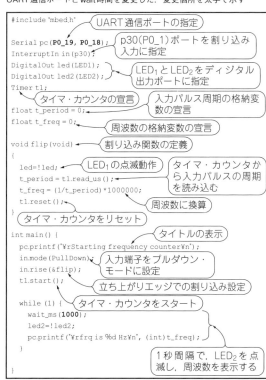

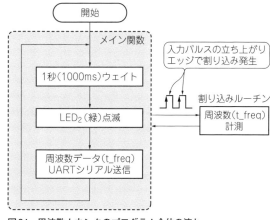

図24 周波数カウンタのプログラム全体の流れ
メイン関数は1秒間隔でLED$_2$を点滅動作させ，UART-シリアル通信を介して周波数データをパソコンへ送信している．周波数の計測は割り込みルーチンが受け持つ

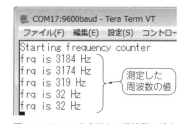

図25 リスト8を実行して周波数の値を表示した結果
割り込み発生の時間間隔をタイマ・カウンタで読み出す．タイマ・カウンタの値が入力パルスの周期に相当し，周波数はパルスの周期から換算して求まる

ポートに指定します．また，LED$_1$（赤色）とLED$_2$（緑色）の二つのLEDを使用するため，それぞれディジタル出力ポートに指定します．割り込みはパルス信号の立ち上がりエッジで発生するように設定します．

図24にプログラムの全体の流れを示します．メイン関数は1秒間隔でLED$_2$を点滅させてプログラムが動作していることを示し，UART-シリアル通信を介して周波数データをパソコンへ送信します（図25）．

周波数の測定は，図26に示すように割り込みルーチンが受け持ちます．LED$_1$（赤色）は割り込みの発生がわかるように点滅動作させます．割り込み発生の時間間隔をタイマ・カウンタの値から読み出し，入力パ

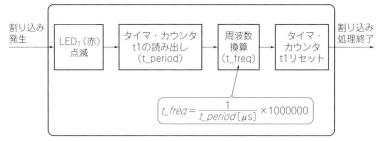

図26 リスト8の割り込み処理の流れ
測定した周波数は1秒ごとに逐次表示されていく

ルスの周期として測定します．周波数はパルスの周期から換算して求めます．

● 動作結果

図27に入力パルスの周波数と測定した周波数の関係を示します．10kHzを超えた当たりから誤差が大きくなっています．これは割り込みルーチン内でLED₁を点滅動作させたり，パルス周期から周波数を換算したりする処理が含まれているためです．割り込みルーチン内ではタイマ・カウンタの読み出しとリセット処理のみ行い，周波数換算はメイン関数で行うようにプログラムを少し変更すれば，数百kHz程度までのパルス信号を扱えるようになります．

◆参考文献◆

(1) 島田 義人；ARM32ビット・マイコン トランジスタ技術，2012年10月号，CQ出版社．
(2) 島田 義人ほか；ARM32ビット・マイコン電子工作キット，

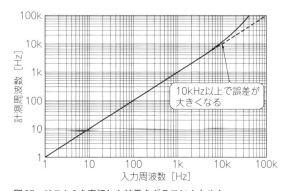

図27 リスト8を実行した結果をグラフにまとめた
入力周波数と測定した周波数は10kHzを超えた当たりから誤差が大きくなっている

2013年5月，CQ出版社．
(3) 島田 義人；デビュー！ スマホ電子工作，トランジスタ技術，2014年3月号，CQ出版社．
(4) Getting started with mbed，ARM社mbedウェブ・サイト．

トライアル・シリーズ　　　　　　　　　　　　　　　　3月下旬発売予定

LED/モータ制御からA-D/D-A変換まで，できることが一気に広がる

I²Cで継ぎ足し自在！
マイコン機能パワーアップIC
サンプル・ブック[変換基板付き]

全19種類！mbed対応!!

本書には，I²C用IC 19品種 合計40個＋実験用基板が含まれます．

　IC間のデータをやりとりするためのシリアル通信バスI²Cを使いこなすために必要な知識と資料，mbedに対応したI²C用のIC合計40個，実験用基板を1冊にまとめました．I²Cの動作をすぐに確かめてみることができます．
　I²Cは，マイコンどうしの通信，IOポート・エキスパンダ，LEDコントローラ，モータ・コントローラ，A-D/D-Aコンバータ，RTC，各種センサなどIC間のデータをやりとりするためのシリアル通信バスです．規格化されてから30年以上経った現在でも広く使われています．クロックとデータの2本の信号を接続するだけでよく，7ビット・アドレスを使用する場合，最大112個(128個のうち16個は予約済み)のICに対してデータの読み書きが可能です．

CQ出版社　〒170-8461 東京都豊島区巣鴨1-14-2　CQ出版WebShop：http://shop.cqpub.co.jp/

第2部
電子工作応用編

I/O, タイマ, A-D
I²C, シリアル通信

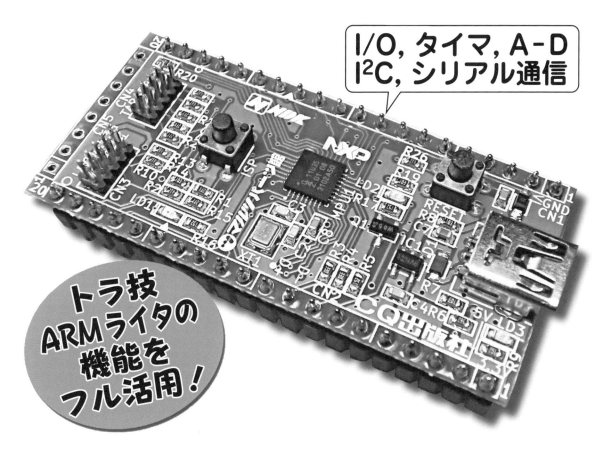

トラ技
ARMライタの
機能を
フル活用！

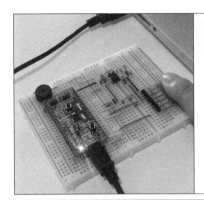

第6章 血管の弾力性や心臓の拍動をパソコンでチェック！

LED&光センサ一体ICで作る「指タッチUSB脈波計」

健康オタクにおススメの逸品

辰岡 鉄郎 Tetsuro Tatsuoka

本章の製作物はホビーユースを目的としたもので，精度などの検証は行われておりません．医学的な判断は行わないでください．

本器のあらまし

● 機能と仕様

本章では，赤色LEDを指先に当ててその反射光を取得することにより，脈波を計測する装置「指タッチUSB脈波計」を作ります．脈波からは血管年齢や動脈硬化のリスクを予測できると言われています．また，脈拍数も計算できます．

製作物を**写真1**に示します．脈波の計測に使用するセンサICはNJL5501R（新日本無線）です．取得した信号の処理は，トラ技ARMライタ（TG-LPC11U35-501）で行います．次に仕様と，トラ技ARMライタに書き込むソフトウェア一式を示します．

図1 ウェアラブル脈波計に進化させれば一攫千金!?

【仕様】
- 反射型センサを使用して脈波データを取得する
- 指以外の部位でも計測ができるようにする
- 脈拍に同期して基板上のLEDを点滅させブザー音を出力する
- 脈波データと脈拍数をUSBシリアル通信でパソコンに送信する

【ソフトウェア】
- main.cpp
- PulseRate.h
- PulseRate.cpp

● 使ってみた

図2は本器を使って実測した脈波です．心臓の拍動に同期して脈波が観測されます．脈拍は57 bpm（beats per minute）と正常範囲ですが少し低めです．脈波と速度脈波，加速度脈波は，**図3**に示したような波形が取得できています．

血管年齢は脈波を2階微分した加速度脈波から予測できると言われています．波形のピークに，a, b, c, d, eと名前を付けると，aの振幅に対して，血管に弾力のある若い人ほど，bとeの振幅が大きく，年を取ると血管壁が硬くなってそれらは下がり，末梢からの反

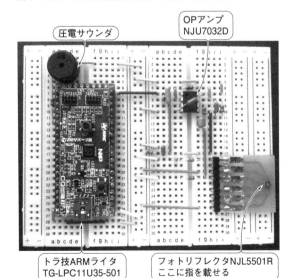

写真1 指タッチUSB脈波計を製作
主要な部品はトラ技ARMライタ，脈波を捉えるセンサ「フォトリフレクタ」，OPアンプ，圧電サウンダ

射によりdが大きくなってくるそうです．

私は，医学のこの分野は専門外なので，詳細は不明なものの，そのような傾向があることは観測できました．

測定原理

● 脈波を捉える

▶血管を流れる血液の量と速さをモニタリング

脈波とは，心臓の拍動に伴う血管内に生じる圧力や容積の変化を記録した波形のことです．脈波を捉える方法には，血管内の圧変動を捉える「圧脈波」と，容積変動を捉える「容積脈波」があります．

今回製作する脈波計は，医療現場でも広く使われて，光を使用して容積脈波を測定する「光電式容積脈波」の方法を利用します．

▶脈波を2階微分すると特徴が見えてくる

脈波は，図3(a)のように立ち上がり側に偏った三角波のような波形になります．血管から弾力性が失われ血管壁が硬くなると，脈波の形にも変化が生じます．弾力があるときは，心臓の収縮後，ゴムのように伸び縮みして，脈波がリンギングしたような形になりますが，硬くなると少なくなります．また，さらに硬くなると末梢からの反射が起こり，遅れたころにリンギングのような波形が大きく見られるようになります．

これらをより見やすく際立たせるため，脈波を2階微分した図3(c)の加速度脈波が利用されます．a〜eの5個の波の形や波高などから動脈硬化のスクリーニングなどに用いられています．診断方法や定量的な指標などはまだ諸説ありますが，血管年齢を提示する機器なども市販されています．

▶脈波から脈拍数もわかる

脈拍数は，1分間の血管の脈動回数，すなわち血管（主に動脈）の圧または容積の変動する回数を測定したものです．似たものに心拍数がありますが，こちらは心臓そのものの拍動回数を示し，通常は同値となります．ただし，心臓の拍動に異常のある場合などは，うまく血流が伝わらず心拍数と脈拍数が一致しないことがあります．

脈拍数の表記はPR(Pulse Rate)，心拍数は，HR(Heart Rate)で，単位はともにbpm(beats per minute)です．成人の脈拍数は，60〜80 bpm(1〜1.33 Hz)程度で，小児や乳幼児，新生児ではより高くなります．

● 測定方法…光電式容積脈波

▶透過光の変動から動脈血の容積変化を測る

体表面から光を当てると，皮膚などの組織や血液での吸収，骨などでの反射を経て，さまざまな方向から減衰した透過光が観測されます．

図4のように静脈と皮膚，筋肉，脂肪などの血管以外の組織は吸収量がほぼ一定なのに対し，動脈は脈動に合わせて変化します．つまり，透過光のAC成分から，動脈血の容積変化を捉えることができます．

▶プローブを使う

脈波を測定するセンサがついたプローブを使用します．
図5に示すように，発光部と受光部で指や耳朶などを挟む透過型と，同じ側に配置して骨などに当たって

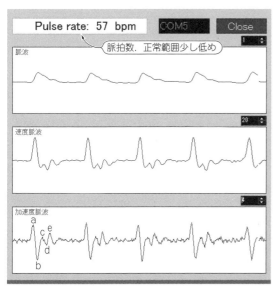

図2　製作した指タッチUSB脈波計を使ってみた
パソコンに脈拍数，脈波，速度脈波，加速度脈波が表示される

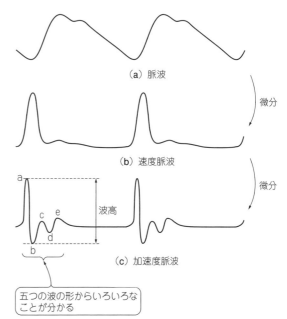

図3(2)　脈波の波形…2階微分することで特徴が出てくる

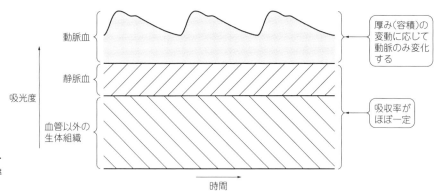

図4[3] 脈波測定の原理…動脈のみ時間で光の吸収率が変化する

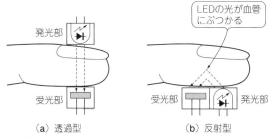

図5[2] 光電式容積脈波の二つの計測方法

反射してきた透過光を測定する反射型があります．

医療用途では透過型が圧倒的に多いですが，ホーム・ヘルスケアの分野では，測定する部位の自由度が高い反射型が多く用いられるようになると思われます．反射型と言っても，反射量を見ているのではなく，一定の経路での透過量の変化を観測しているので，原理は透過型プローブと同じです．

発光部には，赤色光または近赤外光を使用します．それよりも短波長側の黄～青では組織の散乱が大きく，紫外線は皮膚でほとんど吸収されてしまいます．長波長側の遠赤外線は，水での吸収が高すぎて，相対的に動脈での変動成分が小さくなるからです．

ハードウェア

● キー・パーツ…2波長フォトリフレクタNJL5501R

写真2に示す新日本無線の反射型のフォトリフレクタ「NJL5501R」は，経皮的酸素飽和度や脈波を計測するための生体測定用センサICです．仕様を表1に，内部ブロックを図6に示します．赤色光LED，近赤外光LED，高感度フォトトランジスタをワンチップに収めており，1.9×2.6×0.8 mmと小型です．経皮的酸素飽和度の計測では，発光波長の精度が性能に影響を及ぼしますが，本ICは高精度であることも特徴です．指だけでなく額でも測れるようにリード線をはんだ付けしたプローブを用意しました（写真3）．

今回は酸素飽和度の測定機能は使用せず，脈波だけ

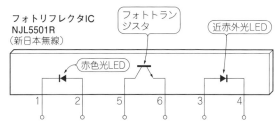

図6 LEDの反射光を捉える反射型フォトリフレクタNJL5501R（新日本無線）の内部ブロック図
赤色光LED，近赤外光LED，フォトトランジスタが実装されている

写真2 製作で使用したLEDの反射光を捉えるフォトリフレクタ「NJL5501R」（新日本無線）

表1 製作で使用したLEDの反射光を捉える反射型フォトリフレクタNJL5501Rの仕様
経皮的酸素飽和度や脈波を計測できる

発光波長	赤色光LED	660 ± 3 nm
	近赤外光LED	940 ± 10 nm
暗電流 ($@V_{CE} = 10$ V)		$0.2\ \mu A_{max}$
出力電流 ($@I_F = 4$ mA)	赤色光LED	$1000\ \mu \sim 4300\ \mu A$
	近赤外光LED	$145\ \mu \sim 580\ \mu A$
動作暗電流 ($@I_F = 4$ mA, $V_{CE} = 2$ V)	赤色光LED	$5\ \mu A_{max}$
	近赤外光LED	$1\ \mu A_{max}$
パッケージとサイズ		COBP（Chip On Board Package），1.9×2.6×0.8 mm

を計測します．

● 製作した回路

図7に機能ブロックを，図8に回路を，表2に部品表を示します．

NJL5501Rは，パルス・オキシメータ用に光源を二つ持っており，近赤外光も使用できますが，点灯しているか目視できず，電流に対する輝度の効率が低いため，今回は赤色光を使用します．

NJL5501Rのフォトトランジスタから出力をコンデンサでDCカットします．I-V変換回路（Transimpedance Amplifier）で電流から電圧変換します．I-V変換用のアンプには，低バイアス電流（I_B：1 pA_{typ}）の単電源CMOS OPアンプNJU7032Dを使用します．脈波の変動成分は，透過してきたオフセット成分に比べて電位が小さいため，DCカットして接続しています．個人差や指の当て方でもオフセット分は変わりますし，フォトトランジスタは指を当てたり，

電流を流していると暖まって電流量が変化するため，DC成分を除去した方が扱いが簡単です．また，プルアップ抵抗R_2は大きい信号が取り出せるよう飽和しない範囲でできるだけ大きい値に調整しています．

脈拍数の周波数成分は0.5〜5 Hz程度ですが，部品の入手性からI-V変換回路のローパス・フィルタの遮断周波数は48 Hz，後段の反転型ローパス・フィルタは8 Hzとしました．実際，C_3を外すと比較的高周波のノイズにより帯状の波形が観測されます．

トラ技ARMライタでは，入力された信号をA-D変換してハイパス・フィルタで再度DC成分をカットします．そして，取得した波形のピークを検出して脈拍数を算出し，脈波データ，脈拍数をUSB経由でパソコンに送信します．また脈拍に合わせて基板上のLED，圧電サウンダを制御します．

ソフトウェア

A-D値の取得から脈波および，脈拍数の値を算出するPulseRateクラスを作成しました．本クラスではデータの生成までを行うので，その後の利用はクラスの呼び出し側の自由です．本章では，USB経由でホスト・パソコンにデータを送り，表示などはパソコン側で行っています．LCDなどの表示器に出力したり，

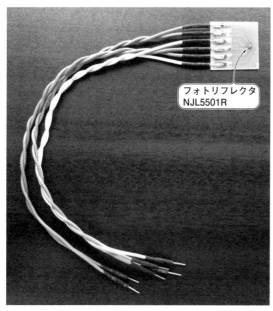

写真3　額でも測定できるようにリード線をはんだ付けしたプローブを用意した

表2　製作した指タッチUSB脈波計の部品表

No	シンボル	型名・仕様	数量	備考
1	IC_1	NJL5501R	1	2波長フォトリフレクタ
2	IC_2	NJU7032D	1	低バイアス電流オペアンプ
3	SP_1	PKM13EPYH4000-A0	1	圧電サウンダ
4	R_1	470 Ω	1	−
5	R_2, R_5, R_7	2 kΩ	3	
6	R_3, R_8, R_9	1 kΩ	3	
7	R_4	33 kΩ	1	
8	R_6	20 kΩ	1	
9	C_1	47 μF	1	16 V ±10% B特性
10	C_2, C_4, C_5	0.1 μF	3	
11	C_3	1 μF	1	

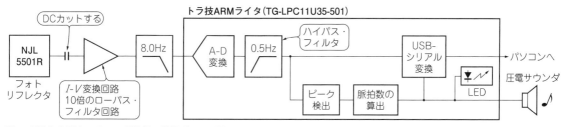

図7　製作した指タッチUSB脈波計の機能ブロック図
センサから取得したデータにフィルタをかけた後，マイコン基板に入力している

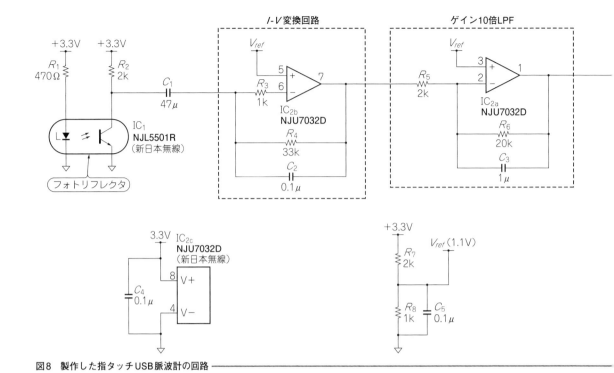

図8 製作した指タッチUSB脈波計の回路

キャラクタ・ディスプレイに脈拍数とイコライザのように脈波をバーグラフで表示することも可能です．

● 脈波と脈拍数を検出するライブラリ…PulseRate.h，PulseRate.cpp

脈波の取得（A-Dサンプリング，ハイパス・フィルタ），脈拍数の算出（ピーク検出，移動平均処理）を行います．図9に処理のフローを，リスト1にソース・コードを示します．

▶脈波データをディジタル値に変換…A-D変換

脈波の周波数帯域は5Hz以下程度であるため，サンプリング周波数は100Hzとしました．周期割り込みを発生させるmbedライブラリのTickerクラスを用いて，インターバルを生成し100Hzを作っています．

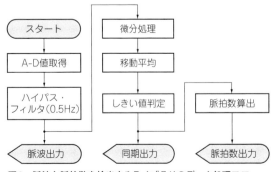

図9 脈波と脈拍数を検出するライブラリのデータ処理フロー

▶オフセット成分を除去する…ハイパス・フィルタ

入力初段でもDCカットをしていますが，その後に重畳するオフセット成分を除去するため，遮断周波数0.1Hz，1次バターワース・フィルタを双1次変換により設計しています．

▶脈波から脈拍を検出する…ピーク検出処理

脈波のピーク波を検出すれば脈拍をカウントできます．市販されている脈波計では，周期性波形であることを利用して，周波数領域の解析手法を駆使するなどをして，耐ノイズ性を向上させたりしています．本章では図10のような簡単なアルゴリズムを用いて算出します．

図10の上段が脈波，下段は微分して移動平均を求めた速度波形です．これに包絡線検出と同様の処理（入力の方が電圧の高い時は追従し，低い場合は指数関数的に減少される）により，動的にしきい値を変化させ，入力波形がしきい値レベルを超えた点を脈拍として認識します．

▶脈拍数を算出する

脈拍数とは，1分間の脈動回数です．ここでは，図10で検出された脈動と脈動の間の時間を5回取得して，その5回分の平均値を求めます．そして，60秒を平均値で割算して脈拍数を計算します．例えば，脈動と脈動の間がちょうど1秒だったとき，60秒÷1秒＝60となり，脈拍数は60bpmになります．

毎回最新の五つをサンプリングして計算します．脈

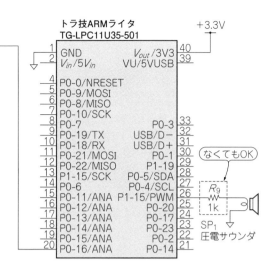

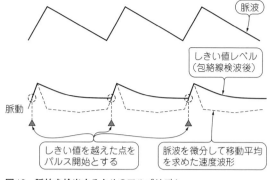

図10 脈拍を検出するためのアルゴリズム

す．リスト2にソース・コードを示します．

インスタンスの生成時に，アナログ入力，LED，圧電サウンダの端子を指定します．start_sampling()メソッドを呼び出すと，処理を開始し，脈波の計測，脈拍数の算出，パルスに同期したLED点滅および音出力を行います．メイン・ルーチンでは，ポーリングによりデータの生成を確認し，生成されていたらUSBSerialクラスを利用してホストにデータを送っています．

USB-シリアル通信はメイン関数内の処理になります．ポーリングにより，get_wave()およびget_pr_val()でtrueが返されたら図11のフォーマットに従ってデータを送信します．

通信はパケット方式で，データ長はバイト固定です．最初に0xAAを送信しパケットの開始を通知します．脈波データは続く1バイトで波形番号，その後2バイ

拍数が60 bpmのときは約1秒間隔で値が更新されます．

● 測定結果をパソコンに送信＆脈拍に応じてLEDとサウンダを鳴らす…main.ccp

mainプログラムでは，PulseRateクラスのインスタンス生成と開始，USB経由でのデータ送信を行いま

リスト1 脈波と脈拍数を検出するライブラリ（PulseRate.cppの一部抜粋）
インターバル・タイマのコールバック関数内で1連の処理を実行している

```
/** Interval timer
 */
void PulseRate::interval_timer() {

  /* Pulse waveform */
  _val = ((int32_t)(_sensor.read_u16()) - AD_OFFSET); /* Get AD value */
  _val = hpf(_val);                   /* High pass filter */
  _sampling_num = (_sampling_num + 1) % SPL_NUM;    /* Update sampling number */
  _wave_flag = true;                  /* Set ready flag for pulse waveform */

  /* Pulse rate */
  if(detect_peak(_val)) {   /* If detecting pulse */
    calc_pr();         /* Calculate pulse rate including flag set */
  }

  /* Control LED and Beep */
  if(_pr_flag) {
    _sync_led = LED_ON;
    _beep.write(BEEP_LOUD);
  } else {
    _sync_led = LED_OFF;
    _beep.write(0);
  }
}
```
脈波データの算出
脈拍数の算出
パルスが検出されたらLEDとBEEPを出力

リスト2　測定結果をパソコンの送信＆脈拍に応じてLEDとブザーを鳴らす（main.ccp）

```
/**
 * @file    Main.cpp
 * @brief   Send pulse waveform and pulse rate
 * @date    2014.08.08
 * @version 1.0.0
 */
#include "mbed.h"
#include "USBSerial.h"
#include "PulseRate.h"          ← PulseRate.hの読み込み

#define PACKET_HEADER (0xAA)
#define PULSE_RATE_ID (0xBB)    ← ピンを割り当てて
#define BYTE_MASK (0xFF)          インダクタンスを生成

USBSerial serial;
PulseRate pr(p20, LED1, p26); /* AD, LED, Beep */

/** Send data packet
 * @param  second_val Byte data at packet address 0x01
 * @param  data_val   Short data at packet address 0x02, 0x03
 */                                 ← パケット送信
bool send_packet(int second_val, int data_val)
{
  if(serial.writeable()) {
    serial.putc(PACKET_HEADER);
    serial.putc(second_val & BYTE_MASK);
    serial.putc((data_val >> 8 ) & BYTE_MASK);
    serial.putc(data_val & BYTE_MASK);
    return true;
  }
  else                         ← 送信可能な場合4バイト送る
  {
    return false;
  }
}

/** Main function
 */
int main() {                   ← メイン関数
  uint32_t num;
  int32_t wave;
  uint32_t rate;

  pr.start_sampling();  /* start procedure */  ← 処理を開始

  while(1) {
    /* Pulse waveform */
    if(pr.get_wave(num, wave)) {
      send_packet(num, wave);    ← 脈波データが生成
    }                              されていたら送信
    /* Pulse rate */
    if(pr.get_pr_val(rate)) {
      send_packet(PULSE_RATE_ID, rate);
    }                            ← 脈拍数が算出さ
  }                                れていたら送信
}
```

（a）脈波

（b）脈拍数

図11　USB-シリアル通信の送信パケット・フォーマット

トで脈波の値を送ります．波形番号は0～99の値を取り1秒で一巡します．脈拍数は，ヘッダ（0xAA）に続いて脈拍数ID（0xBB）を送った後，2バイトで脈波数データを送信します．脈波数データの有効範囲は20～300で，無効時は0が送られます．

● まとめ

専用ICを利用して，とりあえず脈波を測れる装置を試作しました．精度や耐ノイズ性能は市販製品や医療機器には遠く及ばないとしても，自分の生体信号を計測できるのは興味深いものがあります．

mbedはクラウド・ベースという新しいタイプの開発ツールであり，豊富なリソースをとても簡単に利用できるのに驚かされました．また，設計データを公開でき，お互いに改良，発展を加えて進化させることができるのは，オープン・イノベーションの可能性を感じます．mbedの今後の発展が期待されます．

◆参考・引用＊文献◆

(1) 島津　秀昭ほか；臨床検査学講座　医用工学概論，医歯薬出版㈱，2005年．
(2) 木村　雄治；医用工学入門，コロナ社，2004年．
(3) 諏訪　邦夫；パルス　オキシメーター，中外医学社，1989年．

第7章 24ビットA-D変換とソフトウェアLPFでほんのわずかな変化も逃さない

風量計や流量計も作れる

0.001℃分解能で気配もキャッチ！「超敏感肌温度計」

松本 良男 Yoshio Matsumoto

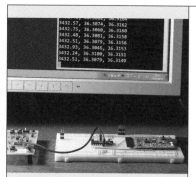

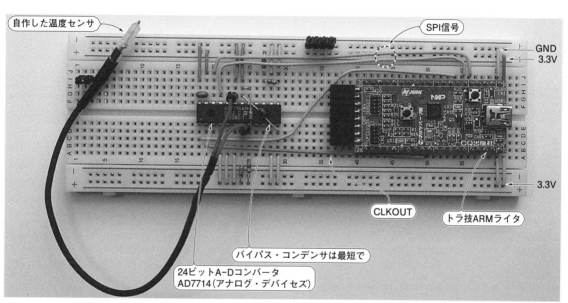

写真1 製作した分解能0.001℃の「超敏感肌温度計」

● 分解能0.001℃の使い道…温度変化を利用した微風速や微流量の制御に使える

温度変化を利用したセンサは0.001℃の温度分解能を生かすことができます．

たとえば，微風速を測定するホットワイヤ式エアフロー・メータとよばれるセンサがあります．これは，発熱している電線に風が当たると熱が奪われ温度が下がる現象を利用する風速計ですが，温度分解能が高ければそれだけ小さな風速を測定できます．似たような原理で流体の速度を測定するセンサにマスフロ・メータがあります．これも温度測定の分解能が重要です．

本来，温度を0.001℃の分解能で測定するのは回路技術的にも大変なのですが，24ビットA-DコンバータAD7714を使うことで複雑な回路なしに0.001℃の温度変化が測定できます．

こんな装置

24ビットA-DコンバータAD7714をトラ技ARMライタに接続して，0.001℃の高分解能で温度測定できる装置（写真1）を製作しました．回路を図1に，使用した部品を表1に示します．

表1 製作した「超敏感肌温度計」の部品表

記号	品名	型名・仕様	数量	備考
IC_1	AD7714	アナログ・デバイセズ製	1	DIP品
C_1, C_2	積層セラミック・コンデンサ	0.1 μF	2	—
R_{PU}, R_{MU}, R_{ML}, R_{RU}, R_{RL}	カーボン抵抗	10 kΩ	5	金属被膜式のほうが適している
サーミスタ	PB5-41E	芝浦電子製	1	—

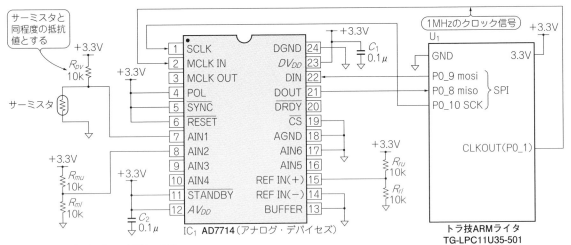

図1 製作した「超敏感肌温度計」の回路
24ビットA-Dコンバータを外付けして分解能0.001℃を実現する

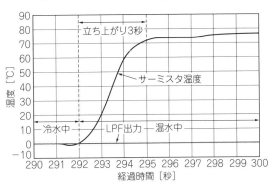

(a) サーミスタ：3秒

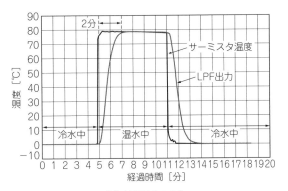

(b) LPF出力：2分

図2 冷水から温水に入れた後温度が安定するまでの時間を測定

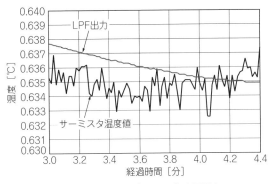

図3 LPFを入れると温度ノイズは0.001℃を下回る

● 特徴1…24ビットA-Dコンバータで0.001℃分解能を得る

トラ技ARMライタのマイコンLPC11U35に内蔵されているA-Dコンバータは，比較的高速ですが分解能が10ビットなので，計測用途にはやや物足りません．そこで，24ビットA-DコンバータであるAD7714（アナログ・デバイセズ）を使い，分解能0.001℃の温度計を作りました．

● 特徴2…パソコンに測定結果を記録できる

パワー部品の温度上昇や素子の温度特性の評価など，温度を測りたい場面は結構あります．ディジタル式温度計や温度測定機能を持つテスタも市販されていますが，測定結果をパソコンに記録できる製品は限られます．

温度センサであるサーミスタやIC温度センサの入手は容易ですから，計測部分をマイコンで自作すれば，シリアル・ポート経由でパソコンに温度変化を取り込み，表計算ソフトなどで手軽に解析できます．

本器の実力

パソコンで受信した温度データをExcelでグラフ化した結果を図2と図3に示します．温度変換直後の温度値と，LPF処理後の温度値をグラフ化したので，LPFの効果が分かります．図2(a)のように温度センサは3秒ほどで値が安定しますが，図2(b)のようにLPF後は値が安定するまで2分ほどかかります．応答

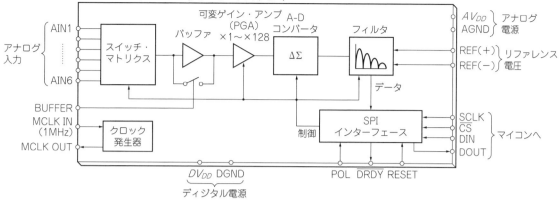

図4 A-DコンバータAD7714は24ビット分解能に対応する低ノイズのPGAを内蔵しているので微弱な信号にも対応できる

表2 AD7714は低速の信号計測向き

項　目	値
データ長	24ビット
実効分解能	表3参照
クロック	1 MHz
変換周波数	0.5～105 Hz（－3 dB）
電源電圧	3.3 V（3.0～3.6 V）
消費電流	0.5 mA
入力チャネル	差動3チャネル，擬似差動チャネル
内蔵PGA	1～128（倍）

表3 出力更新レートおよびゲインの設定と得られる実効分解能

出力更新レート [Hz]	－3 dB周波数 [Hz]	実効分解能 PGA［倍］		
		1	16	128
2	0.52	21	19.5	16.5
50	13.1	18	17	15
400	104.8	11	10.5	10.5

速度と引き換えにノイズが減少するため，LPF後の温度ノイズは0.001 ℃を十分に下回っていることが**図3**から分かります．

ハードウェア

● キー・パーツ24ビットA-Dコンバータ AD7714
▶内部回路

AD7714の内部回路を**図4**に，仕様を**表2**に示します．低速の入力信号に適しているので，温度や湿度，気圧，バッテリ電圧など，ゆっくり変化する物理現象の計測に向いています．

入力マルチプレクサ，可変ゲイン・アンプ（PGA），$\Delta\Sigma$型A-Dコンバータ，ディジタル・フィルタ，I/O制御回路などを内蔵しています．PGAは1～128倍までのゲインをサポートしているので，微弱な信号にも対応できます．24ビット分解能に対応する低ノイズのPGAを外付け回路で実現することは困難なので，このPGAは貴重です．マイコンとはSPIで通信します．

▶5チャネルの入力を持つ

今回接続する温度センサは1個ですが，AD7714は5チャネルの入力を切り替えできるので，最大5個のサーミスタを接続することで，5か所の温度を同時に測定・記録できます．興味のある方はぜひ挑戦してください．

▶変換方式は$\Delta\Sigma$型

$\Delta\Sigma$型A-Dコンバータであり，A-D変換結果は，内蔵するディジタル・フィルタから出力されます．このため，出力時点の入力の値ではなく，先行するA-D変換値をLPFで平均化した結果が出力されます．逐次比較型では瞬間瞬間の入力を細切れにして変換しますが，$\Delta\Sigma$型の場合は，入力の変化にゆっくり追従するように動作します．

▶データ更新レートを上げれば実効分解能は減る

実効分解能は，内蔵アンプや変換処理によるノイズのため，A-D変換結果の下位ビットは常に変動します．この変動を考慮した実効分解能を**表3**に示します．データ更新レートは，AD7714が変換結果を出力する周波数（1秒あたりの出力数）であり，逐次比較型A-Dコンバータのサンプリング・レートに対応します．データ更新レートを上げると，速い入力信号に対応できますが，ノイズが増えて有効ビット数が減少します．

▶フィルタの特性

フィルタの周波数応答を**図5**に示します．櫛歯状の特性であり，データ更新レートの整数倍の周波数に深いディップが生じます．このディップを利用すると，例えばデータ更新レートを10 Hzに設定することで，50 Hzと60 Hzの電源ノイズを選択的に除去できます．

▶広ダイナミック・レンジ

12ビット程度のA-Dコンバータでは，分解能を確保するためアナログ回路で入力信号をA-Dコンバータのフルスケール近くに整えてから，入力する必要が

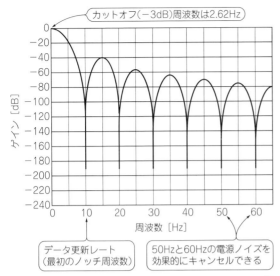

図5 AD7714のフィルタ特性…データ更新レートを10Hzに設定すると電源のハム・ノイズを除去できる

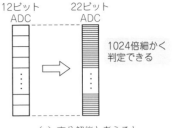

（a）高分解能と考えると…

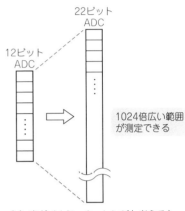

（b）広ダイナミック・レンジと考えると…

図6 24ビットA-Dコンバータを使うとダイナミック・レンジが広くなる

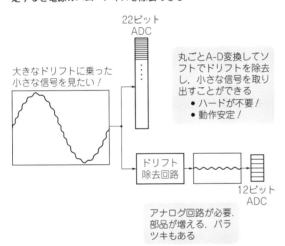

図7 入力ダイナミック・レンジの広い24ビットA-Dコンバータを使うメリット

ありました．これに対して22ビットの分解能があれば，入力の半分だけを使っても分解能が21ビット残ります．つまり，高分解能＝広ダイナミック・レンジです（**図6**）．

広ダイナミック・レンジのメリットは，例えば**図7**のように，ドリフトが大きなセンサからの信号を丸ごとA-D変換し，ソフトウェアで必要な情報だけを抽出できることです．贅沢な使い方かもしれませんが，入力回路が簡単になるとともに，高い再現性が確保できるメリットは十分大きいと言えます．

● 回路とキーパーツ

回路を**図1**に示します．AD7714は今回の用途に必要な機能を内蔵しているので，必要なのは数個の受動部品だけです．AD7714のクロックは，トラ技ARMライタのCLKOUT出力を1MHzに設定して供給しました．

部品を**表1**に示します．AD7714はパッケージが豊富です．今回はDIP品を使用します．抵抗はカーボン抵抗を使いましたが，金属皮膜抵抗のほうが適しています．コンデンサは電源のデカップリングが目的なので，積層セラミックとしました．サーミスタは芝浦電子製です．

電源のノイズ対策は必須です．原理的には電源電圧が変動していてもA-D値に影響は出ないはずですが，実際にはノイズの影響を受けるので，バイパス・コンデンサを入れました．

実装は**写真1**のとおりです．センサからの信号線はできるだけ短くしましょう．

● 使用した温度センサ

サーミスタ素子単体では使いにくいので，**図8**に示すように小さなパイプに入れました．パイプは油性ボールペンの芯の部分を利用しました．パイプにサーミスタ素子を入れてエポキシ樹脂を充填して固定しました．温度変化に対する応答を良くするため，サーミスタ素子の先端を露出しています（**写真2**）．

▶ サーミスタ

サーミスタは，セラミックを原料とした半導体で，抵抗値が温度によって大きく変化する性質を利用する感温素子です．−50〜+500℃の範囲に対応できるので，日常的な温度の測定・制御に適しています．小型安価なため，家電製品や産業用機器に大量に使用さ

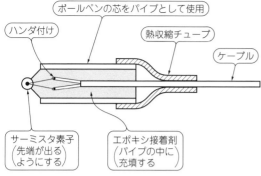

図8 サーミスタ素子単体では使いにくいので小さなパイプに入れる

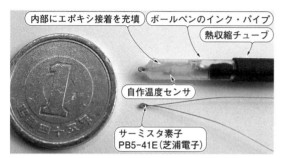

写真2 サーミスタの先端を露出させて温度変化に対する応答性を改善する

れています.

今回は芝浦電子のPB5-41Eを使いました. B定数と室温付近の抵抗値が分かっていて,室温付近の抵抗値が数k～数十kΩのサーミスタなら他のものでも問題なく使えます.類似のサーミスタは,RSオンラインで100円程度で販売しています.

▶サーミスタの非線形性をマイコンで線形化する

図9にPB5-41Eを含むいくつかのサーミスタの特性を示します.同一温度での抵抗値は製品によって異なりますが,温度と抵抗値との関係は,両対数グラフ上で直線に見えます.この関係を表す式は図9下に示すとおりです.このように温度に対して抵抗値がリニアに変化しないことがサーミスタの弱点であり,何らかの方法でリニアライズする必要があります.今回はマイコンを使うので,サーミスタの抵抗値をA-Dコンバータで測定し,この抵抗値を図9の式により温度値に変換しました.

● インターフェース

▶SPIを使ってマイコンからAD7714を設定

AD7714はSPIで通信するので,mbedのSPIクラスを利用しました.AD7714の仕様に合わせるため,無信号時のレベルやクロック・パルスの極性を設定する必要がありましたが,これといったトラブルもなく通信できました.

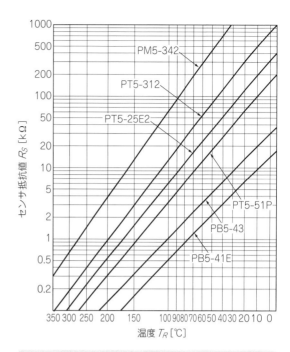

$$R_S = R_0 \exp B\left(\frac{1}{T_S} - \frac{1}{T_0}\right) \cdots(1) \xrightarrow{変形} T_S = \frac{B\, T_0}{B + T_0 \ln\left(\frac{R_S}{R_0}\right)} \cdots(2)$$

R_S:センサ抵抗値 [Ω]
T_S:センサの絶対温度 [K]
T_0:特定の温度 [℃],例えば25℃
R_0:温度T_0におけるセンサの抵抗値 [Ω]
　　PB5-41Eでは,$T_0=25℃$で$R_0=5.369$kΩ
B:B定数(3480±68k)

図9 使用したサーミスタの温度と抵抗値
抵抗と温度値の関係は両対数グラフ上では直線に見えるが,リニアに変化しないので何らかの方法でリニアライズが必要

▶USB-シリアル変換をしてパソコンにデータを送信

変換結果をUSBポートを介してパソコンに取り込むため,USBSerialクラスを利用しました.このクラスを利用すると,パソコンからはトラ技ARMライタがシリアル・デバイスに見えるので,適当なターミナル・ソフトで通信できます.変換データの受信ばかりでなく,コマンドの送信やprintfデバッグにも利用できるので便利です.

ソフトウェア

● 全体の構成

マイコン内部の処理を図10に示します.各処理に関連するクラス名も併記しました.

A-D値を温度に変換するための手続きを順番に処理しています.レシオメトリックによって抵抗値を正確に求め,抵抗値をセンサの温度特性式によって温度値に変換し,個体誤差を2次式で補正し,LPFによっ

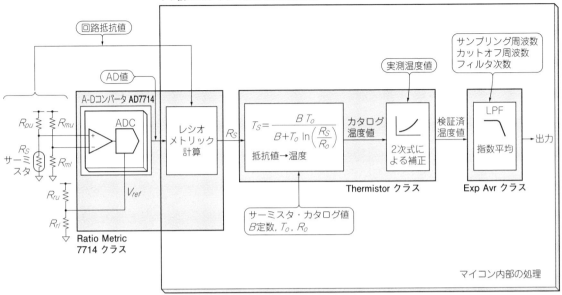

図10 トラ技ARMライタに搭載されたマイコンLPC11U35に行わせた処理
レシオメトリックによって抵抗値を正確に求め，抵抗値をセンサの温度特性式によって温度値に変換，個体誤差を2次式で補正，LPFでノイズを除去する

てノイズを除去する，という順番で処理しています．原理に基づいた数式から算出する場合は，仮に想定外の入力があっても，理にかなった予想可能な結果が得られます．これは，ロバスト性という点から非常に重要です．

今回のクラス・ライブラリを利用したmain()の例を**リスト1**に示します．関数の前半で必要なオブジェクトを生成し，後半の無限ループで測定を繰り返します．測定結果は，USBSerialクラスのオブジェクトにより，パソコンへ送信しました．

● **電源電圧が変動してもきちんと測れるレシオメトリック回路**(RatioMetric7714クラス)

多くのA-Dコンバータと同じように，AD7714は入力電圧を直接ディジタル値に変換するのではなく，与えられたリファレンス電圧に対する入力電圧の比率をディジタル値に変換します．このリファレンス電圧を抵抗で発生させることで，既知の抵抗値に対する比率として，未知の抵抗値を測定できます．

レシオメトリックの原理を**図11**に示します．A-D出力値がリファレンス電圧に対する比率であることを利用して，未知の抵抗値を測定する技術です．回路内の固定抵抗の値を基準とすることで，サーミスタの抵抗値を電源電圧に関係なく測定できます．

レシオメトリックでは電圧ではなく固定抵抗の抵抗値を基準とするので，測定精度はその抵抗値に依存します．値の揃った抵抗を選別するのは大変なので，入力部分を構成する抵抗素子の値を実測し，この実測値

を用いてサーミスタの抵抗値を算出するようにソフトウェア(RatioMetric7714クラス)を構成しました．

レシオメトリックは，抵抗性のセンサであれば何でも使えます．例えば，AD7714が得意とするひずみゲージは抵抗性センサ素子の代表です．荷重計(はかり)，加速度センサ，圧力計など，多くの測定装置に利用されています．

● **抵抗値から温度値に変換する**(Thermistorクラス)

レシオメトリックで求めたサーミスタの抵抗値を，**図9**の式により，温度値に変換しました．変換に必要なパラメータはカタログから拾いましたが，使用した素子自身のパラメータは不明だったので，市販の温度計に対して±数℃の誤差が生じました．

▶温度校正の必要性

カタログ値との誤差を解消し，より高い精度を求めるには，実際の温度と測定結果とを一致させるための校正および補正が必要です．しかし，校正に使うような精度の高い温度測定装置は高価であり，身近にある装置ではありません．そこで，氷の融点を0℃と沸点を100℃を利用して校正します．ただし沸点は気圧の影響を受けるので，標高の高い地域では**表4**のように補正します．

1次の変換式($y = ax + b$)による補正は，水の融点と沸点の2点による補正です．2点で決まるのは直線なので，温度とセンサ出力との関係が直線であるとして，直線の傾きとオフセットを補正します．

2次の変換式($y = ax^2 + bx + c$)による補正は，融

リスト1 無限ループで測定を繰り返し，USBSerialクラスでパソコンへ送信する

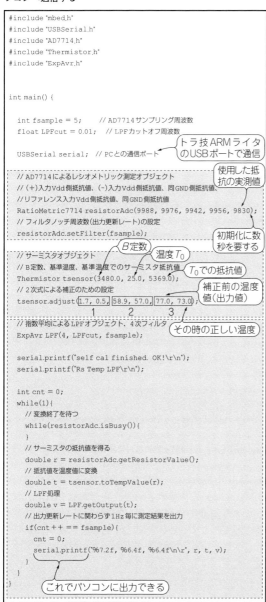

```
#include "mbed.h"
#include "USBSerial.h"
#include "AD7714.h"
#include "Thermistor.h"
#include "ExpAvr.h"

int main() {

  int fsample = 5;      // AD7714サンプリング周波数
  float LPFcut = 0.01;  // LPFカットオフ周波数

  USBSerial serial;     // PCとの通信ポート  ← トラ技ARMライタのUSBポートで通信

  // AD7714によるレシオメトリック測定オブジェクト
  // (+)入力Vdd側抵抗値，(-)入力Vdd側抵抗値，同GND側抵抗値，
  // リファレンス入力Vdd側抵抗値，同GND側抵抗値
  RatioMetric7714 resistorAdc(9988, 9976, 9942, 9956, 9830);
                                                            ← 使用した抵抗の実測値
  // フィルタノッチ周波数(出力更新レート)の設定
  resistorAdc.setFilter(fsample);   ← 初期化に数秒を要する

  // サーミスタオブジェクト              B定数  温度T₀
  // B定数，基準温度，基準温度でのサーミスタ抵抗値
  Thermistor tsensor(3480.0, 25.0, 5369.0);  ← T₀での抵抗値
  // 2次式による補正のための設定           ← 補正前の温度値(出力値)
  tsensor.adjust(1.7, 0.5, 58.9, 57.0, 77.0, 73.0);
                  1       2         3
                                           ← その時の正しい温度
  // 指数平均によるLPFオブジェクト，4次フィルタ
  ExpAvr LPF(4, LPFcut, fsample);

  serial.printf("self cal finished. OK!\r\n");
  serial.printf("Rs Temp LPF\r\n");

  int cnt = 0;
  while(1){
    // 変換終了を待つ
    while(resistorAdc.isBusy()){
    }
    // サーミスタの抵抗値を得る
    double r = resistorAdc.getResistorValue();
    // 抵抗値を温度値に変換
    double t = tsensor.toTempValue(r);
    // LPF処理
    double v = LPF.getOutput(t);
    // 出力更新レートに関わらず1Hz毎に測定結果を出力
    if(cnt++ == fsample){
      cnt = 0;
      serial.printf("%7.2f, %6.4f, %6.4f\n\r", r, t, v);
    }
  }
}
```
← これでパソコンに出力できる

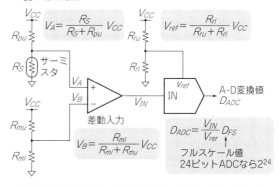

V_{CC}: 電源電圧

$$V_A = \frac{R_S}{R_S + R_{pu}} V_{CC}$$

$$V_{ref} = \frac{R_{rl}}{R_{ru} + R_{rl}} V_{CC}$$

$$V_B = \frac{R_{ml}}{R_{ml} + R_{mu}} V_{CC}$$

$$D_{ADC} = \frac{V_{IN}}{V_{ref}} D_{FS}$$

フルスケール値 24ビットADCなら2^{24}

$$D_{ADC} = \frac{V_A - V_B}{V_{ref}} = \frac{\frac{R_S}{R_S + R_{pu}} V_{CC} - \frac{R_{ml}}{R_{ml} + R_{mu}} V_{CC}}{\frac{R_{rl}}{R_{ru} + R_{rl}} V_{CC}}$$ ← V_{CC}が消える

$$= \left(\frac{R_S}{R_S + R_{pu}} - \frac{R_{ml}}{R_{ml} + R_{mu}} \right) \frac{R_{ru} + R_{rl}}{R_{rl}}$$

この式を変形してR_Sを求める

図11 レシオメトリックの原理…サーミスタの抵抗値を電源電圧に関係なく正確に測定できる

表4 標高によって沸点の温度が変わるので温度校正のときに注意する

標高 [m]	沸点 [℃]
1500	96
1000	97
500	98
250	99
0	100

温度のような低速の信号では，ソフトによる平均化処理でノイズを低減できます．平均化処理には表5のようにいくつか種類がありますが，ここでは指数平均を利用しました．指数平均は，必要なメモリが少なく，処理が簡単で短時間という特徴があり，特に小規模なワンチップ・マイコンでは利用価値があります．

▶指数平均処理とLPF

指数平均の処理は次の1行で終わりですので，コーディングが簡単でメモリも少なくて済み，マイコン向きです．

$$A_n = a A_{n-1} + (1.0 - a) t_n$$

ただし，A_n：今回のフィルタ出力値，
A_{n-1}：前回のフィルタ出力値，
t_n：今回の入力値，
a：CRフィルタの時定数

この式はアナログ回路の1次CRフィルタを離散的に表したものでもあります．aはCRフィルタの時定数に相当する係数で，0～1までの値を取ります．aが小さいほど，最新の測定結果の影響を強く受けるので，応答が早くなります．したがってLPFとしては，カットオフ周波数が高くなります．

点と沸点以外にさらに1点を加えた3点による補正です(章末のコラム参照)．温度の確定した3点を通る2次曲線で補正することになるので，若干の非直線性を補正できます．3点目は，水以外の物質の融点が理想的ですが，純度の高い物質の入手は厄介です．今回は，温度範囲は限られるものの精度が高い温度センサとして，電子体温計を使いました．

● **指数平均によるLPF**(ExpAvrクラス)
▶ワンチップ・マイコン向きの指数平均でノイズを低減する

表5 平均化処理には三つの方法がある
指数平均は必要なメモリが少なく処理が簡単で短時間，特に小規模なワンチップ・マイコンに向いている

形式	処理の内容	必要なメモリ
単純平均	nデータごとに，n個のデータの平均を出力	2個 ● データ個数のカウンタ ● n個の合計
移動平均	1データごとに，過去n個のデータの平均を出力	$n+1$個 ● n個の配列 ● データ個数のカウンタ
指数平均	1データごとに，前回の出力と，今回のAD値と加重平均を出力	2個 ● 前回の出力値 ● 今回の出力値

指数平均係数aは，カットオフ周波数f_0とサンプリング周波数f_Sから，次の式で計算します．

表6 指数平均係数の計算例

f_S [Hz]	f_0 [Hz]	a
10	3.0	0.15
10	1.0	0.53
10	0.1	0.94

$$a = e^{-2\pi f_0/f_S}$$

f_Sは1秒間に指数平均処理を行う回数です．1回のA-D変換ごとに実行する場合，f_SはA-D変換のサンプリング周波数と一致します．AD7714ではデータ更新レートをf_Sとします．計算例を**表6**に示します．

指数平均処理を繰り返すだけで等価的に多段のLPFになります．アナログ回路の多段CRフィルタは前後の干渉を考慮しなければなりませんが，ソフトウェアのフィルタはその心配がありません．

▶指数平均LPFクラス

この指数平均処理をExpAvrクラスとして実装しました．LPFとしてのフィルタ次数，カットオフ周波数f_0，A-D変換のサンプリング周波数f_Sを指定してオブジェクトを生成します．ARMマイコンは32ビットで高速なのでdoubleで処理しましたが，小規模マイコン用に変数をintとすることもできます．ただしintでは，桁あふれや計算精度低下に注意が必要です．

◆参考文献◆
(1) AD7714のデータシート，http://www.analog.com/static/imported-files/data_sheets/AD7714.pdf

---

Raspberry Piのおまけソフトに注目！安価＆超高性能 Mathematica電卓の勧め

人気のワンボード・マイコン Raspberry PiのOSであるRaspbianに，最近Mathematicaがバンドルされました．Mathematicaは長い歴史を持つソフトウェアで，数学に関することなら何でもできると言われています．Raspberry Piを購入すれば，ほぼフルスペックのMathematicaを無償で利用できます．今回は，その数式処理の機能を用いて必要な式変換を行いました．

▶3点を通る2次式の係数を計算する

Mathematicaで係数を求めた時の画面を**図A**に示します．画面の中でIn[]の部分が，キーボードからの入力です．まず，通過する3点を表す式を入力しました．次の1行で，入力した3式を連立方程式として，未知数である3個の係数a, b, cを求めました．この計算は約3秒でした．全体の計算に必要な時間は，キー入力も含めて数分でした．

〈松本 良男〉

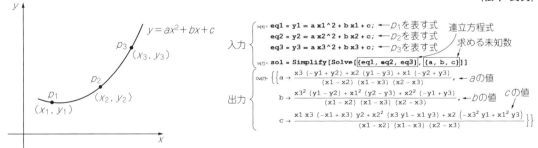

図A　2次式の係数はRaspberry PiのOS RaspbianにバンドルされたMathematicaで計算した

第8章 電圧/温度/湿度/照度/気圧をA-D変換して無線で送信
スマホでチェック！Bluetooth環境センサ・プローブ

ごろ寝でピッ！

島田 義人 Yoshihito Shimada

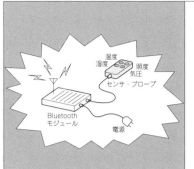

図1 寒い冬，部屋の中で外気の温度がわかる

トラ技ARMライタのA-D変換機能を利用して電圧を測定したり，I²C対応のセンサを直結して温度や湿度，気圧，照度などを測定する環境センサ・プローブを製作します（写真1）．スマホを使ってトラ技ARMライタをBluetooth無線で制御し，計測結果をスマホのディスプレイに表示します．

本器は，図1～図5のような応用が考えられます．誰でも簡単に作れるようにブレッドボードで試作しましたが，タイトル部の図のように，本体とセンサを分けてケースに入れると見かけがよくなります．

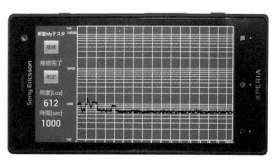

(a) Bluetooth環境センサ・プローブ・ボード　　(b) 照度の測定画面例

写真1 スマホで温度，湿度，照度，気圧が計測できるBluetooth環境センサ・プローブ

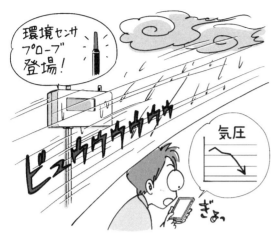

図2　気圧の変化で台風の接近もわかる

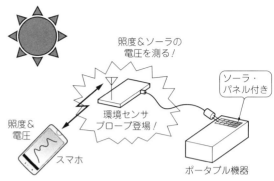

図3　太陽電池の野外テストもOK！
照度と出力電圧の関係がわかる

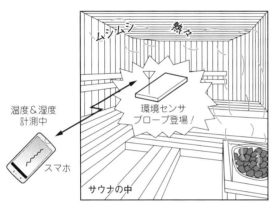

図4　離れた場所からサウナ室の温度＆湿度を測ることができる

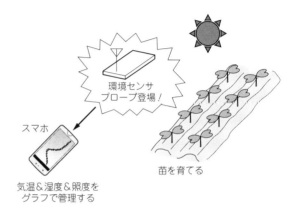

図5　計測結果を苗の育成に役立てる

参考にしてください．

● リアルタイムなデータ通信に向くBluetooth

無線モジュールにXBee Wi-FiとBluetoothのどちらのモジュールを選んだらよいか迷うかもしれません．今回は初期設定が不要な初心者向けの無線モジュールとしてBluetoothを選択しました．無線LANの環境さえ整っていればXBee Wi-Fiモジュールを使うことも有効でしょう．

最近は，スマホやタブレットなどの普及により，家庭内でWi-Fiを利用している人も多いと思います．しかし，ここであえてBluetoothを選んだ理由には技術的な根拠があります．Bluetoothは，周波数ホッピングと呼ばれる機能を備えており（p.109のコラム参照），Wi-Fiよりも電波の干渉に強く，正確なデータ通信が必要なセンサ計測に向いています．

● 4種類のセンサを搭載
▶温度センサ

製作したボードは温度，湿度，照度，気圧の計測をする4種類のセンサを搭載しています．

STEP1：回路を組み立てる

■ 回路とキーパーツ

● あらまし

図6（p.107）にBluetooth環境センサ・プローブの回路を，表1（p.107）に部品表を示します．ブレッドボードには4種類のセンサを載せます．温度センサ，湿度センサ，照度センサは，アナログ出力電圧をA-D変換して測定データを読み込みます．気圧センサは，I^2C通信機能を利用してディジタル信号で読み込みます．

半固定抵抗器（VR_1）は，A-D変換動作の確認用の部品です．0～3.3Vの範囲でアナログ電圧を設定できます．

測定データは，Bluetoothモジュールを用いてスマホに送信します．ブレッドボードを使って部品を組み立てる場合には，写真1や図7（p.108）の実体配線図を

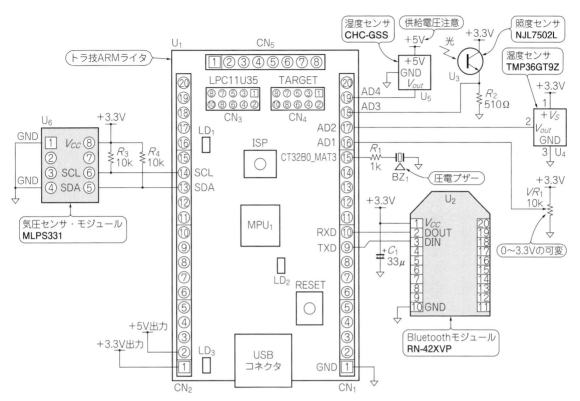

図6 Bluetooth環境センサ・プローブの回路構成

表1 Bluetooth環境センサ・プローブの部品表
部品一式をmarutsuのWeb Shop（http://www.marutsu.co.jp/）で購入できる（商品名：ブレッドボード実験セットB，型番：MPK-TR1403-BS）

記号	品名	型名・仕様	数量	備考
U_1	トラ技ARMライタ	LPC11U35搭載	1	本書に付属
U_2	Bluetoothモジュール	RN-42XVP	1	マイクロチップ・テクノロジー
―	XBee ピッチ変換基板ソケット・セット	MXBee	1	marutsuで購入可能
U_3	照度センサ	NJL7502L	1	
U_4	温度センサ	TMP36GT9Z	1	電圧出力，10 mV/℃，-40℃～+125℃の温度範囲
U_5	湿度センサ	CHS-GSS または CHS-MSS	1	TDK
U_6	気圧センサ・モジュール	MLPS331	1	marutsuで購入可能
VR_1	半固定抵抗	10 kΩ	1	A-Dコンバータ電圧入力用
BZ_1	ブザー	PKM13EPYH4002-B0	1	他励振タイプ圧電ブザー（電子ピアノで使用）
R_1	炭素被膜抵抗	1 kΩ　1/4 W	1	圧電ブザー駆動用（電子ピアノで使用）
R_2		300Ω　1/4 W	1	照度センサ駆動用
R_3, R_4		10 kΩ　1/4 W	2	I²Cプルアップ抵抗
C_1	電解コンデンサ	33 μF	1	電源用パスコン
―	ブレッドボード	165-40-8010E（EIC-801）	2	E-CALL 寸法：84×54.3×8.5 mm 400穴，連結可能タイプ
―	ジャンパ	165012000E	1	ブレッドボード用ジャンプ・ワイヤ・セット
―	ケーブル	―	1	USB-ミニB

温度センサには，図8に示すように温度に比例した電圧を出力するTMP36（**写真2**）を使いました．この温度センサの特性は，10 mV/℃のスケール・ファクタで0℃のときに+0.5 Vのオフセットをもち，仕様上は-40℃～+125℃の温度範囲で使えます．2.7～5.5 Vの電圧範囲で動作し，電源電流は50 μAより小さいため，自己発熱による温度の影響は0.1℃と非常に小さくなっています．測定精度は，外部キャリブレ

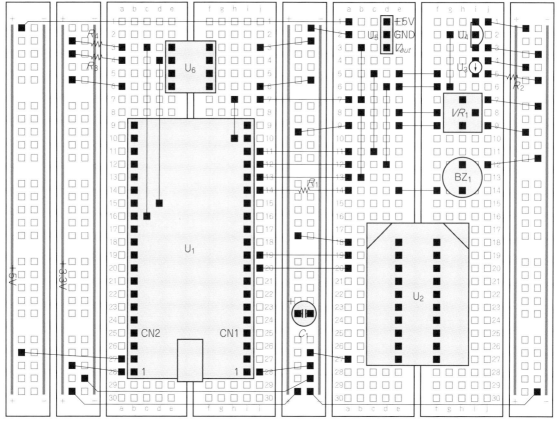

図7 Bluetooth環境センサ・プローブの実体配線図

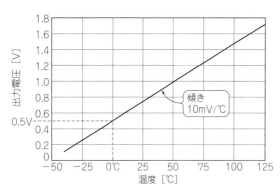

図8 温度センサTMP36の出力電圧特性

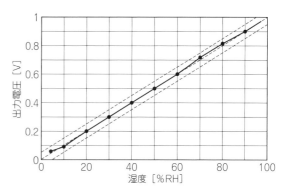

図9 湿度センサCHS-GSSの出力電圧特性

ーションなしで±1℃です.

▶湿度センサ

図9に示すように,湿度に比例した電圧を出力するCHS-GSS(**写真3**,p.110)を使います.

この湿度センサは,必要な回路をすべて一体化したオールインワン構造で,+5V電源で動作します.湿度特性としては,10mV/％RHのスケール・ファクタで5～90％RHの湿度を±5％RHの精度で計測します.湿度センサのシリーズにはCHS-MSSタイプもあり,こちらは測定範囲が20～85％RHと狭くなりますが,

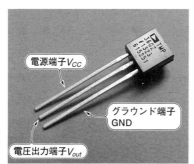

写真2 使用した温度センサTMP36

しぶとい無線! Bluetoothは通信が途切れにくい

図A(a)のように,2.4GHz帯を利用する無線LANには14の通信チャネルがあり,干渉し合っています.多数の無線LANが混在しているエリアでは,安定した通信は望めません.

Bluetoothは,図A(b)に示すように79個の通信チャネルを利用して通信します.しかも,図Bに示すように,自動的に使用する周波数を変える機能(周波数ホッピング)をもっています.

Bluetoothは,Wi-Fiのチャネルを避けるように,いつも空きチャネルを選んで通信します.そのため電波の干渉に強く,接続が途切れることがほとんどありません.正確なデータ通信が必要なセンサ計測にはBluetoothが向いています. 〈島田 義人〉

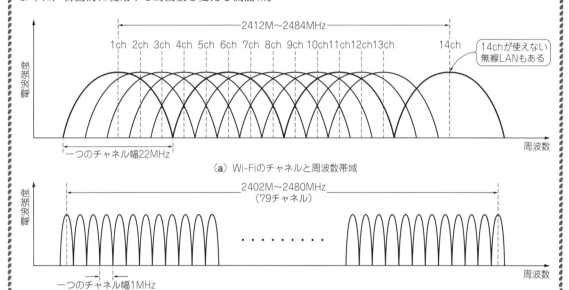

図A 2.4GHz帯はいろいろな無線通信規格でごったがえしている

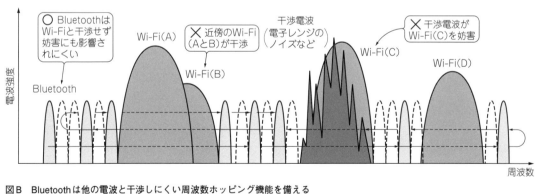

図B Bluetoothは他の電波と干渉しにくい周波数ホッピング機能を備える

同様に使用できます.
▶照度センサ

フォト・トランジスタNJL7502L(写真4)を使います.NJL7502Lは,分光感度特性(図10)が人間の視感度特性に近いフォト・トランジスタです.

図11に示すように,照度に応じて光電流が流れます(光電流$I_L = 33\,\mu\mathrm{A}$,標準条件:白色LED,100 lx).この電流は,抵抗R_Lを利用して電圧に変換されます(図12).ここで,$R_L = 300\,\Omega$とすると,標準条件100 lxのときに出力電圧V_{out}は次式で求まります.

$$V_{out} = I_L R_L = 33\,\mu\mathrm{A} \times 300\,\Omega \fallingdotseq 0.01\,\mathrm{V} \cdots\cdots (1)$$

図13に,照度に対する出力電圧の特性を示します.

抵抗値を大きくすると出力電圧が比例して増します．より暗い環境で照度を計測したい場合は，例えばR_2を10倍の3kΩに変更すれば100lxのとき$V_{out} = 0.1$ Vとなって，センサの感度が10倍に上がります．ただし，照度が非常に大きい環境(直射日光など)では，出力電圧が電源電圧(約3V)あたりで飽和して，正しく計測できません．

▶気圧センサ

LPS331APを実装したモジュール基板MLPS331(写真5)を採用しました．

図14に，LPS331APの内部ブロック図を示します．ピエゾ抵抗型の検出素子をブリッジ出力として圧力を電圧に変換し，24ビットのA-Dコンバータでディジタル値に変換します．

内蔵の温度センサで補正をして，低ノイズ・アナログ・フロントエンドで信号を増幅できます．圧力センサとしては，0.020 hPaの高分解能で260～1260 hPaの範囲で測定できます．

SPIモードとI^2Cモードの2種類のシリアル通信ができます．ここでは，LPC11U35マイコンを用いてI^2C通信で気圧を測定します．

● トラ技ARMライタはA-Dコンバータ内蔵のLPC11U35マイコンを搭載

8ピンDIPのARMマイコンLPC810はA-Dコンバータを内蔵していないので，今回使ったアナログ電圧を出力するタイプのセンサと組み合わせることができません．しかし，トラ技ARMライタは，分解能10ビットのA-Dコンバータ(逐次比較型)を内蔵したマイコン(LPC11U35)を搭載しています．

図15に，A-Dコンバータの概略ブロック図を示します．アナログ入力端子は，AD0からAD7までの8

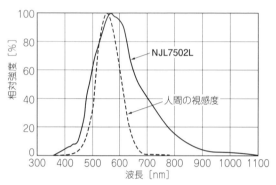

図10 照度センサ(NJL7502L)の分光感度特性と人間の視感度特性との比較

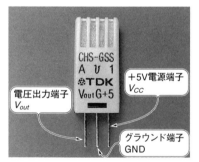

写真3 使用した湿度センサCHS-GSS(TDK)

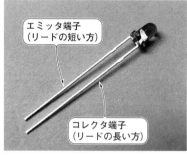

写真4 使用した照度センサNJL7502L(新日本無線)

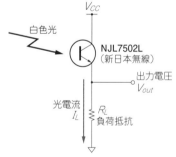

図12 照度センサ(NJL7502L)の光電流I_Lを電圧V_{out}に変換する基本回路

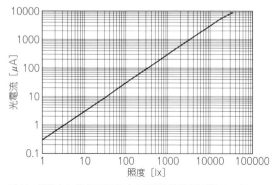

図11 照度センサ(NJL7502L)の光電流特性(光電流$I_L = 33$ μA，標準条件：白色LED，100 lx)

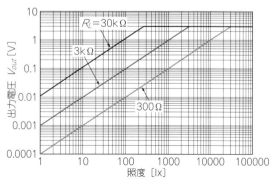

図13 照度センサ(NJL7502L)の照度に対する出力電圧の特性
抵抗値R_Lを大きくすれば，出力電圧V_{out}もそれに比例して増加する

写真5 使用した気圧センサ・モジュールMLPS331(marutsu)

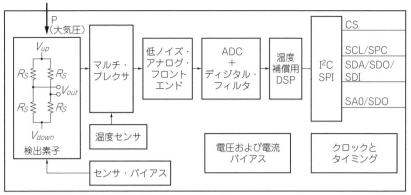

図14 気圧センサLPS331APの内部ブロック図

チャネルあり，アナログ入力端子選択ビットSELで入力信号を切り替えることができます．入力されたアナログ信号は，サンプル＆ホールド回路に入ります．この回路は，アナログ信号の電圧を取り出して(サンプル)，その電圧値をA-D変換するまで保持(ホールド)します．A-D変換をするために，いったんアナログ信号をホールド・コンデンサに蓄えます．そのため，アクイジション・タイムと呼ばれる充電時間(≥ 2.44 μs)を考慮する必要があります．

一定時間が経過したあと，ホールド・コンデンサに充電された電圧は，コンパレータを通してラダー抵抗(10ビットD-A)の出力電圧値と比較されます．変換結果は，A-Dデータ・レジスタに記憶されます．

STEP2：LPC11U35のプログラムを作る

■ 詳細

● メイン・プログラム

A-D変換動作の確認用として設けたPIO0_12(AD1)ポートの電圧測定を例に説明します．

リスト1に，電圧測定のプログラムのソース・コードを示します．プログラムの流れを次に示します．
(1) ペリフェラル(周辺機能)を初期化する

アナログ電圧の測定にA-Dコンバータを使います．ここでは，PIO0_12ポートをA-D機能(AD1ポート)として初期化します(リスト2)．また，スマホからBluetoothモジュールを介してUART経由でデータを送信するため，UARTを初期設定します．初期設定では，Bluetoothのボーレートを115200 bpsに合わせます．その他，測定の待ち時間の設定として，SysTickタイマ機能を使います．ここでは，タイマ割り込みが1 msごとに発生するように初期化します(リスト5, p.115)．

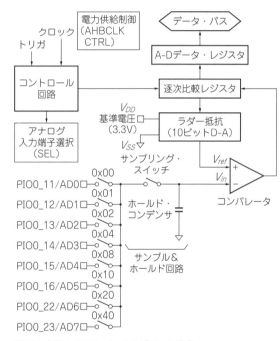

図15 内蔵A-Dコンバータのブロック構成

(2) 測定データを取得する

A-D変換データ取得関数(Get_ADC_Data)でアナログ電圧を測定し，データを取得します(リスト3, p.114)．測定データはdataという変数に格納します．
(3) 測定データをスマホに送信する

Bluetoothを介してスマホへ測定データを送ります．測定データの開始をスマホに知らせるため，ここでは送信データの最初に"M"(Measureの頭文字)を送信フラグとして付加します．スマホ側は，受信データの中から"M"文字を受け取ると，その次に送られてくるデータを測定値と判断する仕様にします．10ビットの測定データdataは，下位8ビット，上位2ビットの順に，2回に分けて送信します．

リスト1 電圧測定のプログラムのソース・コード(メイン・プログラム)

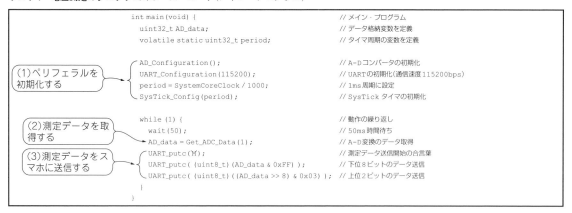

リスト2 A-Dコンバータ初期化関数プログラムのソース・コード

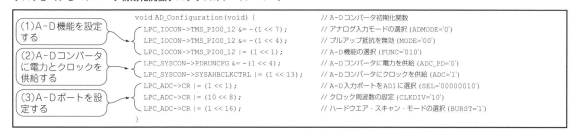

● **A-Dコンバータ初期化関数**(AD_Configuration)

リスト2のA-Dコンバータの初期化関数は，PIO0_12ポートをA-D機能(AD1)として初期化します．このプログラムの流れを次に示します．

(1) A-D機能を設定する

アナログ入力として使うポートは，I/O設定レジスタIOCONを用いてアナログ入力モードに設定しておく必要があります．

図16に示すように，TMS_PIO0_12レジスタの例ではADMODEビットをアナログ入力モードの '0' に設定し，FUNCビットをA-D機能(AD1)の '010' に設定します．また，ポートはデフォルトでプルアップ抵抗が接続されます．アナログ入力の場合は，抵抗を介して電源電圧が印加されるため測定誤差の原因になるので，プルアップ抵抗の設定を無効にします．

(2) A-Dコンバータに電力とクロックを供給する

ARMマイコンは，初期設定ではA-Dコンバータの電力供給が節電のためにOFFになっています．A-

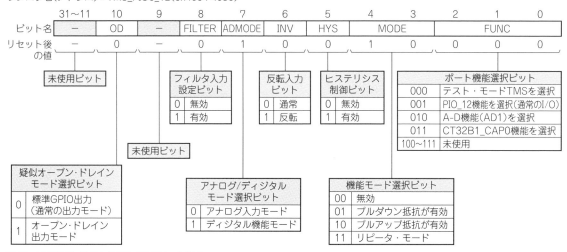

図16 I/O設定レジスタ(PIO0_12)のビット構成

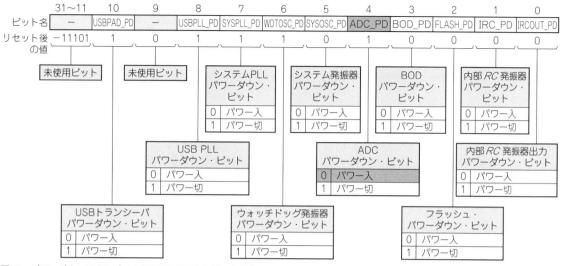

図17 パワーダウン設定レジスタ(PDRUNCFG)のビット構成

Dコンバータを利用する場合には，パワーダウン設定レジスタPDRUNCFG(図17)の4ビット目を'0'に設定して，A-Dコンバータに電力を供給します．

A-Dコンバータを動作させるためには，クロックを供給する必要があります．クロックのON/OFFを制御するシステムAHBクロック制御レジスタAHBCLKCTRLの13ビット目を'1'に設定します．

(3) A-Dポートを設定する

A-D変換を制御するレジスタには，A-D制御レジスタCRがあります．CRレジスタは，図18に示すビットで構成されています．

A-D入力ポート選択ビットSELは，8つのA-D入力ポート(AD0～AD7)を選択します．AD0～AD7端子がそれぞれ0～7ビットに対応しています．ここではAD1を選択します．

A-Dクロック生成ビットCLKDIVは，APBペリフェラル・クロックPCLKをCLKDIV + 1で分周して，A-Dコンバータ用のクロックAD_PCLKを生成します．このクロックは，仕様上4.5 MHz以下でなければなりません．PCLK = 48 MHzのとき，CLKDIV ≧ 10

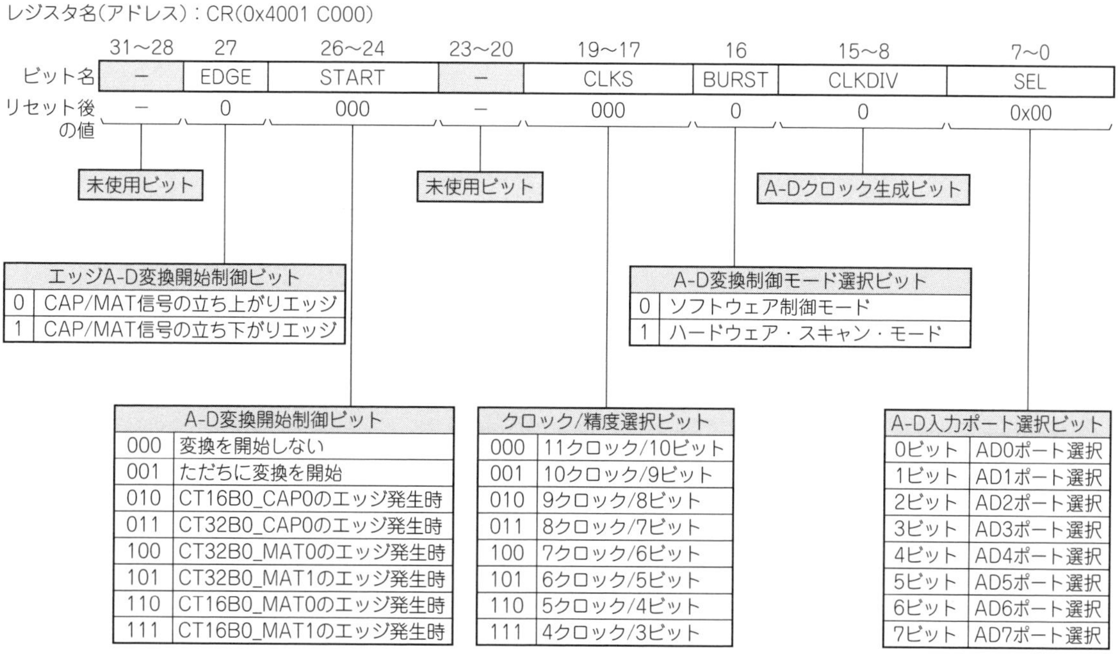

図18 A-D制御レジスタ(CR)のビット構成

リスト3　A-D変換データ取得関数プログラムのソース・コード

```
                    uint32_t Get_ADC_Data(uint32_t port) {      // A-D変換データ取得関数
                        uint32_t data;                          // データ格納変数の定義
(1)A-D変換を行う    while (((data = LPC_ADC->DR[port]) & (1<<31)) == 0);  // A-D変換の完了待ち
(2)A-D変換データを  data = (data >> 6) & 0x3ff;                 // A-D変換データの取り出し
   取り出す         return data;                                // A-D変換データを戻り値として返す
                    }
```

に設定します．

A-D変換制御モード選択ビットBURSTは，A-D変換の制御モードを選ぶビットです．ここでは，ハードウェア・スキャン・モード(BURST = 1)として設定し，SELビットで選択したポートを繰り返してA-D変換します．

● **A-D変換データの取得関数**(Get_ADC_Data)

リスト3に，A-D変換データを取得する関数のプログラムを示します．次に，プログラムの流れを説明します．

(1) A-D変換の完了待ち

A-D変換が完了したことを，A-Dデータ・レジスタDR1の31ビット目のA-D変換完了フラグDONEが '1' になることを確認します．

(2) A-D変換データの取り出し

LPC11U35マイコンにはA-D入力が8ポート(AD0 ～ AD7)あり，それぞれのポートに対応するA-Dデータ・レジスタ(DR0 ～ DR7)があります．

A-Dデータ・レジスタのビット構成を**図19**に示します．A-Dデータ・レジスタは，主にA-D変換結果を格納するための32ビットのレジスタです．変換完了(DONE)とオーバーランの発生を示すエラー・フラグ(OVERRUN)も備えています．レジスタの下位6ビットは未使用ビットとなっており，下位15～6ビット分(V_VREF)が変換結果の格納用に使用されています．そのため，**図20**に示すように，いったんA-Dデータ・レジスタのデータを別の変数に格納し，シフト演算子を用いて6ビット分のデータを右にシフトさせてから取り出すとよいでしょう．

● **UARTバイト・データ送信関数**(UART_putc)

リスト4に，UARTバイト・データを送信する関数のプログラムを示します．この関数は，UARTから1バイトのデータを送信します．次に，プログラムの流れを説明します．

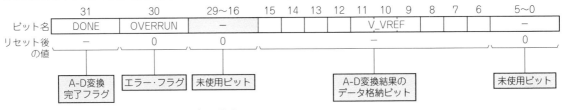

図19　A-Dデータ・レジスタ(DR0 ～ DR7)のビット構成

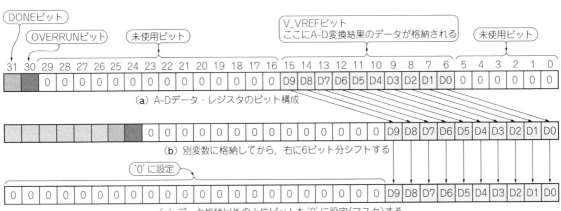

図20　A-Dデータ・レジスタからデータを取り出す場合のビット操作
ビット・シフトとマスクが必要になる

リスト4　UARTバイト・データ送信関数プログラムのソース・コード

```
                            void UART_putc(char data) {               // バイト・データ送信関数
(1)バッファに送信データが    while (!(LPC_USART->LSR & (1<<5)));       // データ転送待ち
残っていないことを確認する
                            LPC_USART->THR = data;                    // データ送信
(2)データを送信する          }
```

リスト5　SysTickタイマと時間待ち関数プログラムのソース・コード

```
                    volatile int32_t count;              // カウント変数を定義

                    void SysTick_Handler(void) {         // SysTickハンドラ
1ms毎にカウント       if(count != 0){                     // カウントが0でない場合
を1ずつ減らす            count--;                         // カウント値を-1に減らす
                      }
                    }

設定値からカウント   void wait(int32_t nTime) {           // 時間待ち関数
ダウンを始め，0に      count=nTime;                      // カウント初期化
なるまで待つ           while(count != 0);                // カウントが0になるまで待機
                    }
```

(1) バッファに送信データが残っていないことを確認する

UARTが送信データを受け取る準備ができているかを確認する必要があります．USARTライン・ステータス・レジスタLSRの送信レジスタ空フラグTHREが '1'（データなし）になっていることを確認してから，1バイトのデータを送信します．プログラム例では，THREフラグがクリアされるまでwhile文で待ち続けます．

(2) データを送信する

UARTの準備が完了したあとで，UART送信保持レジスタTHRにデータを書き込めば送信できます．

● **SysTickタイマ**(`SysTick_Handler`)**と時間待ち関数**(`wait`)

リスト5に，SysTickタイマと時間待ち関数のプログラムを示します．SysTickタイマはARMマイコン共通のペリフェラル（周辺機能）で，値をセットするとカウントダウンしていきます．

カウントダウンの結果，タイマの値が0になると，タイマに最初にセットした値を自動的に再度セットして，カウントダウンを継続します．

タイマの値が0になると，割り込み信号が発生します．タイマに値をセットして割り込みが発生するようにしておくと，一定時間ごとに割り込みが発生します．ここでは，SysTickタイマが1msごとに割り込みを発生させる機能を時間待ち関数に使っています．

Wi-FiとBluetoothが利用する2.4 GHz帯は大混雑

電子レンジを使うと，無線LANの通信がとぎれたり，遅くなったりして困った経験はないでしょうか？　我が家ではこれがちょっと問題になりました．無線LANが使う2.4 GHzは，電子レンジ内で発生する2.45 GHzと近いので干渉するのです．

この周波数帯は，産業(Industrial)，科学技術(Scientific)，医療(Medical)向けの多くの機器が利用しています．頭文字をとって，ISMバンドと呼ばれています．Wi-FiやBluetooth機器に加えて，コードレス電話，アマチュア無線，がんの治療に使う温熱療法機器も利用しています（図C）．

〈島田　義人〉

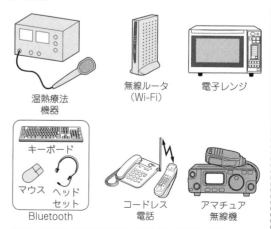

図C　2.4 GHzの周波数帯はたくさんの無線機器が利用している

STEP3：スマホの アプリケーションを作る

Android OSで動くアプリケーション・プログラムは，次の二つの開発環境を使って，Java言語で作ります．

- Eclipse
- Android SDK

Bluetoothの端末探索や送受信制御などのJava実行ファイルは，Googleのサンプル・コードを基本にしていて他のアプリケーションでも共通で利用できます．Java実行ファイルは，動作確認済みのサンプル・アプリケーションを利用することにして，ここではスマホ画面のレイアウト設計やグラフの描画方法，受信データの処理手順を説明します．

● スマホの画面レイアウト

Eclipseのレイアウト・エディタを使ってスマホ画面のレイアウト設計ができますが，直接Javaプログラムで記述して描画する方法でも画面レイアウトができます．本器はボタンの配置が比較的少なく，またグラフ表示を同じ画面で構成しているため，Javaプログラムでレイアウトを構成することにします．

アクティビティ（画面）が呼び出されたときに，最初に実行されるonCreate()メソッドが**リスト6**です．初めに，タイトル・バーを非表示，フルスクリーン指定をして最大限に画面を利用するように設定してから，ボタンや計測表示などの領域とグラフ表示の領域を設定していきます．ここでは，横と縦方向に配置するリ

リスト6　onCreateメソッド（MainActivity.java）のソース・コード

```java
//最初に実行されるメソッド
@Override
public void onCreate(Bundle savedInstanceState) {
    super.onCreate(savedInstanceState);

    //ウィンドウ・タイトルバー非表示
    requestWindowFeature(Window.FEATURE_NO_TITLE);

    // フルスクリーン指定
    getWindow().clearFlags(WindowManager.LayoutParams.FLAG_FORCE_NOT_FULLSCREEN);
    getWindow().addFlags(WindowManager.LayoutParams.FLAG_FULLSCREEN);

    //レイアウト設定
    LinearLayout layout = new LinearLayout(this);                             //レイアウト定義
    layout.setOrientation(LinearLayout.HORIZONTAL);                           //横方向に並べる
    setContentView(layout);                                                   //レイアウト
      LinearLayout layout2 = new LinearLayout(this);                          //サブレイアウト定義
      layout2.setOrientation(LinearLayout.VERTICAL);                          //縦方向に並べる
      layout2.setBackgroundColor(Color.BLUE);                                 //背景色 青色設定
      layout2.setGravity(Gravity.CENTER);                                     //センタリング
      LinearLayout.LayoutParams params1 = new LinearLayout.LayoutParams(200,WC);  //横幅 220dp，縦幅の最適設定
      params1.setMargins(0, 30, 0, 0);                                        //マージン設定
      LinearLayout.LayoutParams params2 = new LinearLayout.LayoutParams(WC, WC); //幅の最適設定
      params2.setMargins(0, 20, 0, 20);                                       //マージン設定

    // タイトルのテキストボックス生成
      text_title = new TextView(this);                                        //テキスト作成
      text_title.setText("電圧テスタ");                                        //タイトルの表示
      text_title.setTextSize(16f);                                            //文字サイズ設定
      text_title.setTextColor(Color.WHITE);                                   //文字色 白色設定
      text_title.setGravity(Gravity.CENTER);                                  //センタリング
      text_title.setLayoutParams(params1);                                    //幅，マージン設定
    layout2.addView(text_title);                                              //テキスト表示

    // 接続ボタンの生成
      button_connect = new Button(this);                                      //ボタン作成
      button_connect.setText("接続");                                          //ボタン表示内容
      button_connect.setTextSize(16f);                                        //文字サイズ設定
      button_connect.setTextColor(Color.BLACK);                               //文字色 黒色設定
      button_connect.setLayoutParams(params2);                                //幅，マージン設定
    layout2.addView(button_connect);                                          //ボタン表示

    // 接続状態表示のテキストボックス生成
      text_connect = new TextView(this);                                      //テキストボックス作成
      text_connect.setText("接続待ち");                                         //接続状態の表示
      text_connect.setTextSize(18f);                                          //文字サイズ設定
      text_connect.setTextColor(Color.WHITE);                                 //文字色 白色設定
      text_connect.setLayoutParams(new LinearLayout.LayoutParams(WC,WC));     //幅の最適設定
    layout2.addView(text_connect);                                            //テキストボックス表示

    // 測定開始ボタンの生成
      button_measure = new Button(this);                                      //ボタン作成
      button_measure.setText("測定");                                          //ボタン表示内容
      button_measure.setTextSize(16f);                                        //文字サイズ設定
      button_measure.setTextColor(Color.BLACK);                               //文字色 黒色設定
      button_measure.setLayoutParams(params2);                                //幅，マージン設定
    layout2.addView(button_measure);                                          //ボタン表示
```

注釈：
- タイトル・バー非表示，フルスクリーン設定
- ボタンなどの配置設定
- ①タイトルの表示
- ②接続ボタンの表示
- ③接続状態の表示
- ④測定開始ボタンの表示

ニア・レイアウトと呼ばれるレイアウト構成にします．図22に示すように，グラフ表示の領域を横方向に配置し，ボタンや計測表示などの領域を縦方向に配置します．

● グラフを描画する

リスト7に，グラフを表示するクラスを示します．初めに，x軸とy軸の罫線を水色で描画します．ここでは，図21に示すように，x軸を1分間隔の時間軸として60ドットごとに16本の目盛り線を描きます．y軸を500 mV間隔の電圧軸として，100ドットごとに7本の目盛り線を描きます．そのあとで，枠線を白色で描きます．次に，x軸（時間）とy軸（電圧）の目盛りと，x軸（min）とy軸（mV）の単位を表示します．最後に，データを赤線グラフとして描画します．

ここでは，スマホの解像度が1280×720であることを前提として画面を構成しています．スマホは各社から様々な機種が発売されており，多種の画面サイズがあります．サンプルよりも解像度が低い機種では，グラフが画面に収まらないことがあるかもしれません．その場合は，図21に示す座標をもとに少し数値をカスタマイズして画面を調整してください．

● 受信データの処理手順

リスト8（p.120）に，受信データを処理するメソッドProcess()のソース・コードを示します．データ処理の過程が少し複雑なため，対応するフローチャートを図22に示します．

受信データはBluetoothを介して実験ボードから送られてきますが，測定データの開始をスマホに知らせ

```
⑤電圧単位の表示
        // 電圧単位表示のテキストボックス生成
        text_voltage_title = new TextView(this);                                    //テキストボックス作成
        text_voltage_title.setText("電圧 [mV]");                                    //電圧の単位表示
        text_voltage_title.setTextSize(18f);                                        //文字サイズ設定
        text_voltage_title.setTextColor(Color.GREEN);                               //文字色 緑色設定
        text_voltage_title.setLayoutParams(new LinearLayout.LayoutParams(WC,WC));   //幅の最適設定
        layout2.addView(text_voltage_title);                                        //テキストボックス表示

⑥測定電圧の表示
        // 測定電圧表示のテキストボックス生成
        text_voltage_measure = new TextView(this);                                  //テキストボックス作成
        text_voltage_measure.setText("----");                                       //測定電圧の初期値の表示
        text_voltage_measure.setTextSize(28f);                                      //文字サイズ設定
        text_voltage_measure.setTextColor(Color.WHITE);                             //文字色 白色設定
        text_voltage_measure.setLayoutParams(new LinearLayout.LayoutParams(WC,WC)); //幅の最適設定
        layout2.addView(text_voltage_measure);                                      //テキストボックス表示

⑦時間単位の表示
        // 時間単位表示のテキストボックス生成
        text_time_title = new TextView(this);                                       //テキストボックス作成
        text_time_title.setText("時間 [sec]");                                      //時間の単位表示
        text_time_title.setTextSize(18f);                                           //文字サイズ設定
        text_time_title.setTextColor(Color.GREEN);                                  //文字色 緑色設定
        text_time_title.setLayoutParams(new LinearLayout.LayoutParams(WC,WC));      //幅の最適設定
        layout2.addView(text_time_title);                                           //テキストボックス表示

⑧測定時間の表示
        // 測定時間表示のテキストボックス生成
        text_time_measure = new TextView(this);                                     //テキストボックス作成
        text_time_measure.setText("0");                                             //測定時間の初期値の表示
        text_time_measure.setTextSize(28f);                                         //文字サイズ設定
        text_time_measure.setTextColor(Color.WHITE);                                //文字色 白色設定
        text_time_measure.setLayoutParams(new LinearLayout.LayoutParams(WC,WC));    //幅の最適設定
        layout2.addView(text_time_measure);                                         //テキストボックス表示

ボタンなどの表示実行
        layout.addView(layout2);                                                    //サブレイアウト表示

グラフの表示実行
        // グラフ表示領域指定
        graph = new MyView(this);                                                   //グラフ表示作成
        layout.addView(graph);                                                      //グラフ表示領域の設定

ボタンのイベント・メソッドの生成
        // スイッチイベント組み込み
        button_connect.setOnClickListener((OnClickListener) new SelectExe());       //接続ボタン
        button_measure.setOnClickListener((OnClickListener) new startMesure());     //測定開始ボタン

Bluetoothが使用できるスマホ機種か確認
        // Bluetooth搭載スマホか確認
        mBluetoothAdapter = BluetoothAdapter.getDefaultAdapter();                   //Bluetooth搭載情報の取得
        if (mBluetoothAdapter == null) {                                            //nullならBluetoothが未搭載
            text_connect.setTextColor(Color.YELLOW);                                //文字色 黄色設定
            text_connect.setText("使用不可");                                       //Bluetoothの無効表示
        }

グラフ表示のデータ・バッファをクリア
        // データバッファ初期化
        Xstep = 0;                                                                  // X軸ステップの初期設定
        State = 0;                                                                  // 状態分岐の初期設定
        for(i=0; i<1024; i++){                                                      // バッファ数まで
            Ydata[i] = 0;                                                           // Y軸グラフ用バッファの初期化
            Xdata[i] = i;                                                           // X軸グラフ用バッファの初期設定
        }
    }
```

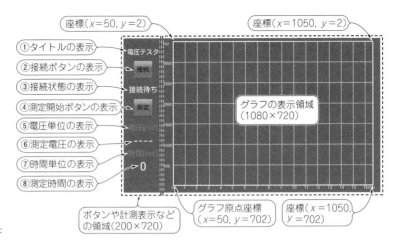

図21 スマホの初期画面の構成例
画面の解像度（1280×720）のスマホを使用した

るため，データの最初に"M"（Measureの頭文字）をフラグとして付加しています．データ処理の流れは，次のとおりです．

(1) スマホは，受信データの先頭文字が"M"の場合だけ処理する．
(2) State変数で処理を分岐する．
(3) アイドリング・モード時（State = 0）は，ボタ

リスト7 グラフを描画するクラス（MainActivity.java）のソース・コード

```
class MyView extends View{                              //グラフ表示クラス
  public MyView(Context context){                       //View初期化，コンストラクタ設定
    super(context);
  }
  public void onDraw(Canvas canvas){                    //グラフ表示実行メソッド
    super.onDraw(canvas);
    Paint set_paint = new Paint();
    set_paint.setColor(Color.CYAN);                     //罫線の色 水色設定
    set_paint.setStrokeWidth(3);                        //罫線の太さ設定
    for(i=0; i<17; i++){                                //X軸の描画
      canvas.drawLine(50+i*60, 2, 50+i*60, 702, set_paint);
    }
    for(i=0; i<7; i++){                                 //Y軸の描画
      canvas.drawLine(50, 2+i*100, 1050, 2+i*100, set_paint);
    }
    set_paint.setColor(Color.WHITE);                    // 外枠の色 白色設定
    set_paint.setStrokeWidth(4);                        // 外枠の幅設定
    canvas.drawLine(50, 2, 50, 702, set_paint);         // 左外枠の設定
    canvas.drawLine(1050, 2, 1050, 702, set_paint);     // 右外枠の設定
    canvas.drawLine(50, 2, 1050, 2, set_paint);         // 上外枠の設定
    canvas.drawLine(50, 702, 1050, 702, set_paint);     // 下外枠の設定
    set_paint.setAntiAlias(true);                       // グラフの描画を滑らかに設定
    set_paint.setTextSize(20f);                         // 文字のサイズ設定
    set_paint.setColor(Color.WHITE);                    // 文字の色 白色設定
    for(i=0; i<17; i++){                                // X軸目盛の設定
      canvas.drawText(Integer.toString(i), i*60+41, 720, set_paint);
    }
    for(i=100; i<700; i+=100){                          // Y軸目盛の設定
      canvas.drawText(Integer.toString(i*5), 0, 714-i, set_paint);
    }
    set_paint.setColor(Color.WHITE);                    // 単位表示の色 白色設定
    canvas.drawText("min", 1025, 720, set_paint);       // X軸の単位表示
    canvas.drawText("mV", 0, 20, set_paint);            // Y軸の単位表示
    set_paint.setStrokeWidth(10);                       // グラフ太さ設定
    set_paint.setColor(Color.RED);                      // グラフの色設定
    for(i=2; i<Xstep; i++){                             // グラフの描画
      canvas.drawLine(Xdata[i-1]+50, 702-Ydata[i-1], Xdata[i]+50, 702-Ydata[i], set_paint);
    }
  }
}
```

ンのイベント待ちの状態で何もしない．
(4) 測定モード時(State＝1)は，受信データを電圧に換算して表示する．
(5) グラフの右端に達したかどうかを判定する．
(6) 右端に達した場合は，アイドリング・モード(State＝0)に移行する．
(7) 測定中に開始ボタンが押されたかどうかを判定する．
(8) ボタンが押された場合は，中断のメッセージを表示してアイドリング・モード(State＝0)に移行する．
(9) 時間とグラフを表示して，スキップ・モード(State＝2)に移行する．
(10) 1秒間隔に達したかどうかを判定する．
(11) 1秒間隔に達した場合は，測定モード(State＝1)に移行する．

以上の(1)～(11)を繰り返して受信データを処理します．ここでは，受信データを1秒間隔で処理するように設定しましたが，(10)の判定式の数値を少しカスタマイズすることにより，1分間隔や1時間間隔といった設定も可能です．

STEP4：動かしてみる

● LPC11U35マイコンにプログラムを書き込む

動作確認済みのサンプル・プログラムを，本書付属のCD-ROMにzip形式の圧縮ファイル(MyTester.zip)として収録しています．圧縮ファイルを解凍すると，次のフォルダに書き込み用プログラムが格納されます．

プロジェクト・ファイル名¥Release¥書き込みプログラム名.bin

表2に示すように，それぞれプロジェクト・ファイルが用途別に分かれています．トラ技ARMライタをISPモードに設定して，USBメモリとして認識されたらfirmware.binファイルを削除し，目的の書き込みプログラム名.binをコピーします．

● スマホにアプリケーションを書き込む

サンプル・アプリケーションは，本書付属のCD-ROMにzip形式の圧縮ファイル(MyTester.zip)として収録されています．圧縮ファイルを解凍すると次のフォルダに書き込み用アプリケーションが格納され

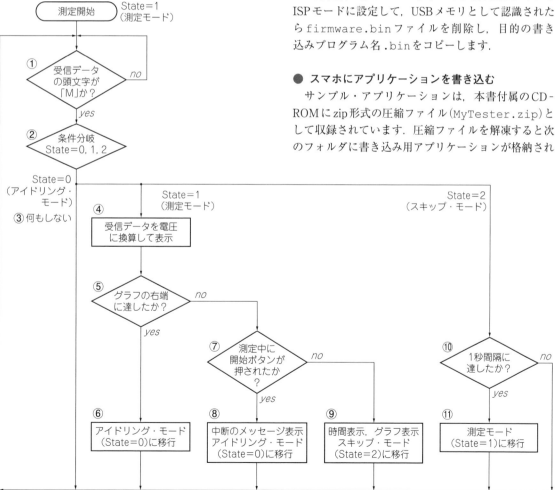

図22 受信データを処理するメソッドのフローチャート

リスト8 受信データを処理するメソッドProcess( )のソース・コード

```
// データ受信処理メソッド
public void Process(){
  if(ReceivePacket[0] == 'M'){                                    // 受信データのチェック (先頭文字が'M')
    switch(State) {                                               // 状態分岐

      // アイドリング・モード
      case 0:
        break;                                                    // 何もしない

      //測定モード
      case 1:
        temp = (ReceivePacket[1] & 0x7F) + ReceivePacket[2]*256;  // 測定データ取得
        if((ReceivePacket[1] & 0x80) != 0){                       // 符号の処理
          temp += 128;                                            // 上位8ビットを加算
        }
        Ydata[Xstep] = (int)(temp * 700/3500*3300/1023);          // Y値算出
        Level = (float)(temp * 3300/1023);                        // 電圧値算出
        handler.post(new Runnable(){                              // 電圧値のテキスト表示
          public void run(){
            text_voltage_measure.setText(Integer.toString((int)Level)); // 電圧値表示
          }
        });
        Xdata[Xstep] = (int)(Xstep);                              // X軸データ記録
        if(Xdata[Xstep] > 999){                                   // 右端到達時
          Xstep = 0;                                              // Xステップを最初に戻す
          State = 0;                                              // 終了としてアイドルへ
        } else {                                                  // 測定中
          if(StopFlag == 1) {                                     // 測定中に開始ボタンが押された場合
            StopFlag = 0;                                         // ストップフラグをクリア
            Xstep = 0;                                            // X軸を最初に戻す
            State = 0;                                            // 停止としてアイドルへ
            Toast.makeText(this, "測定を中断しました！", Toast.LENGTH_LONG).show();
            Toast.makeText(this, "測定ボタンで再スタートします", Toast.LENGTH_SHORT).show();
          } else {                                                // 次のステップ
            Xstep++;                                              // X軸を1ステップ更新
            handler.post(new Runnable(){                          // 時間のテキスト表示
              public void run(){
                text_time_measure.setText(Long.toString(Xstep));  // 時間表示
                graph.invalidate();                               // データグラフ表示
              }
            });
            State = 2;                                            // スキップ・モードへ
          }
        }
        break;

      case 2:                                                     // スキップ・モード(1秒間隔外はスキップ)
        Date date2 = new Date();                                  // 時刻データ採取
        CurrentTime = date2.getTime();                            // 現在の時間
        DifferenceTime = CurrentTime - StartTime;                 // 測定開始から現在までの時間差
        if ( DifferenceTime > 1000 * Xstep){                      // 1000ms (1sec) 間隔に達したか
          State = 1;                                              // 測定モードへ
        }
        break;
    }
  }
}
```

注釈:
- ① 受信データの頭文字が「M」か？
- ② 条件分岐 (State = 0, 1, 2)
- ③ アイドリング・モード時は何もしない
- ④ 受信データを電圧に換算して表示
- ⑤ グラフの右端に達したか？
- ⑥ アイドリング・モード(State = 0)に移行
- ⑦ 測定中に開始ボタンが押されたか？
- ⑧ 中断のメッセージ表示．アイドリング・モード(State = 0)に移行
- ⑨ 時間表示，グラフ表示．スキップ・モード(State = 2)に移行
- ⑩ 1秒間隔に達したか？
- ⑪ 測定モード(State = 1)に移行

表2 LPC11U35用のサンプル・プログラム一覧

サンプル・プログラム収録ファイル名	プロジェクト・ファイル名	書き込みプログラム名	プログラムの内容
LPC11U35マイコン用サンプル・プログラム (MyTester.zip)	LPC11U35_Voltmeter	LPC11U35_Voltmeter.bin	**LPC11U35マイコン・ボード アナログ電圧計測**
	LPC11U35_Thermometer	LPC11U35_Thermometer.bin	**LPC11U35マイコン・ボード 温度計測**
	LPC11U35_Hygrometer	LPC11U35_Hygrometer.bin	**LPC11U35マイコン・ボード 湿度計測**
	LPC11U35_Luxmeter	LPC11U35_Luxmeter.bin	**LPC11U35マイコン・ボード 照度計測**
	LPC11U35_Barometer	LPC11U35_Barometer.bin	**LPC11U35マイコン・ボード 気圧計測**

表3 スマホ用のサンプル・アプリ一覧

サンプル・アプリ 収録ファイル名	プロジェクト・ファイル名	書き込みアプリ名	アプリの内容
Androidスマホ用 サンプル・アプリ (MyTester.zip)	MyTester_Voltmeter	MyTester_Voltmeter.apk	スマホ・アプリ ワイヤレス・アナログ電圧計測器
	MyTester_Thermometer	MyTester_Thermometer.apk	スマホ・アプリ ワイヤレス温度計測器
	MyTester_Hygrometer	MyTester_Hygrometer.apk	スマホ・アプリ ワイヤレス湿度計測器
	MyTester_Luxmeter	MyTester_Luxmeter.apk	スマホ・アプリ ワイヤレス照度計測器
	MyTester_Barometer	MyTester_Barometer.apk	スマホ・アプリ ワイヤレス気圧計測器

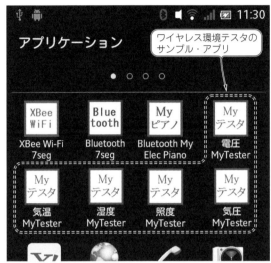

図23 サンプル・アプリのアイコンが追加されたスマホの画面例

ます．

```
プロジェクト・ファイル名¥bin¥書き込みアプリ
ケーション名.apk
```

表3に示すように，それぞれプロジェクト・ファイルが用途別に分かれています．Eclipseまたはコマンド・ラインから目的の書き込みアプリケーション.apkをスマホに転送して動かしてみてください．図23に，サンプル・アプリケーションのアイコンを示します．

● 動作確認
▶電圧計測

半固定抵抗器 VR_1 を回すことによって，$0 \sim 3.3\,\mathrm{V}$（電源電圧）の電圧をマイコンに入力することができます．写真6に示すように，各入力電圧に応じて測定電圧のグラフが描けます．

▶温度計測

温度センサTMP36が動作していることを簡単に確認するため，センサを指で触って暖めてみましょう．写真7に示すように，体温で温度センサが暖められて温度が上昇します．また，温度センサから指を離すと温度が降下します．

▶湿度計測

湿度センサCHS-GSSが動作していることを簡単に確認するため，センサに息を少し吹きかけてみましょう．写真8に示すように，息に含まれている水分がセンサに当たって湿度が上昇します．その後，しばらく放っておくと，湿度が降下して元に戻ります．

▶照度計測

照度センサであるフォト・トランジスタNJL7502Lが動作していることを簡単に確認するため，蛍光灯スタンドの光を当ててみましょう．

センサに蛍光灯に近づけると，写真9に示すように，照度が上昇します．照度センサを手で覆って蛍光灯の光を遮ると，照度が低下します．

▶気圧計測

気圧センサであるMLPS331APモジュールが動作し

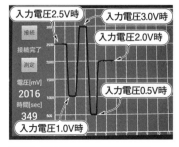

写真6 アナログ電圧の測定に成功

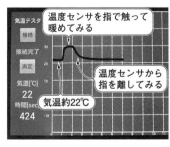

写真7 温度測定に成功

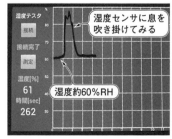

写真8 湿度測定に成功

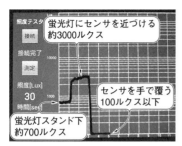

写真9 照度測定に成功

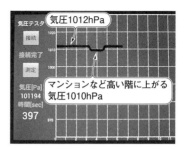

写真10 気圧測定に成功

ていることを簡単に確認するため，身近にあるマンションなどに上ってみましょう．

高い場所に上ると，**写真10**に示すように気圧が下がります．標準大気圧（1気圧）は海面上で1013.25 hPaとされていますが，高所ほど低下します．高度の上昇と気圧の低下の比率は，低高度ではだいたい8.43 mの上昇に対して1 hPaと言われています（**コラム参照**）．

◆参考文献◆

(1) 低電圧温度センサー TMP35/TMP36/TMP37データシート，D00337-0-8/08(E)-J，アナログ・デバイセズ㈱．
(2) 湿度センサユニットCHSシリーズCHS-U，-SS，-Cタイプデータシート，B111_CHS，TDK㈱．
(3) 照度センサNJL7502Lデータシート，Ver.2010-05028，新日本無線㈱．
(4) MEMS pressure sensor: 260-1260mbar absolute digital output barometer, Datasheet Doc ID022112Rev7, STMicroelectronics.
(5) 島田 義人；チョコッとお試し！世界の定番ARM32ビット・マイコン，トランジスタ技術，2012年10月号，CQ出版社．
(6) 島田 義人ほか；ARM32ビット・マイコン電子工作キット，2013年5月，CQ出版社．
(7) 後閑 哲也；回路や部品の性能チェックに！ポータブル周波数特性アナライザ，Bluetooth無線初体験，Interface，2013年5月号，CQ出版社．
(8) Google Developers; http://developer.android.com
(9) LPC11Uxx User manual Rev.4，2012年11月15日，NXPセミコンダクターズ．
(10) LPC11U3x Product data sheet Rev.1，2012年4月20日，NXPセミコンダクターズ．

気圧センサと高度の関係式

気圧は，高い所にいくほど低くなります．1964年に，国際民間航空機関（ICAO）が採用した国際標準大気（ISA）という大気モデルがあります．標準大気とは，海抜高度0 mのときの気圧P_0 = 1013.25 hPa，気温15℃と定め，**図D**に示した高度H [m]と気圧P [hPa]の関係を式(A)で表したものです．気圧の変化量から高度を知ることができます．

$$H = 44330 \times \left[1 - \left(\frac{p}{p_0}\right)^{\frac{1}{5.255}}\right] \cdots\cdots (A)$$

航空機の気圧高度計は，この標準大気モデルを用いて高度を求めています．簡単のため，式(A)を直線近似すると次式になります．

$$H = 8.43 \times (p_0 - p) \cdots\cdots (B)$$

海抜高度が100 mの範囲内では，式(B)より1 hPaの気圧変化は高度換算で約8.43 mに相当することがわかります．0.01 hPaの測定精度をもった大気圧センサを用いれば，気圧の変化を測定することにより，理論的には約8 cmの高低差が検出できることになります．

〈島田 義人〉

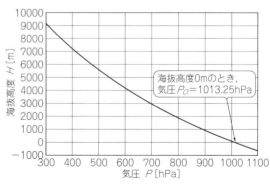

図D 標準気圧と海抜高度の関係

第9章 画像データの抽出/蓄積/転送をCPLDで制御して10 fps出力を実現

レンズ付き撮像素子搭載！SPI出力3 cm角のビデオ・カメラ

白阪 一郎 Ichiro Shirasaka

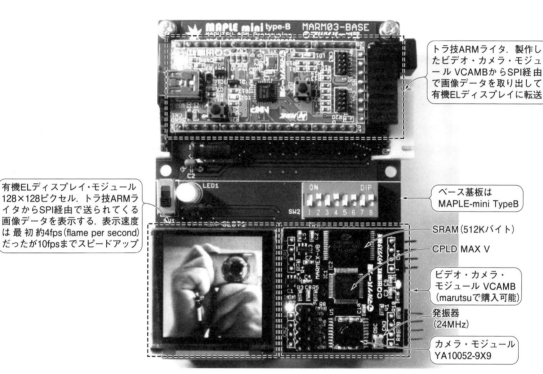

写真1 トラ技ARMライタとビデオ・カメラ・モジュールVCAMBを使ってビデオ・モニタを組み立てる

● シリアル・インターフェースでデータを引っ張り出せるカメラ・モジュールは少ない

　安価で小型，しかも低消費電力のCMOSイメージ・センサを使ったビデオ・カメラ・モジュールが手に入るようになりました．ところが，マイコンのシリアル・インターフェースで画像データを引っ張り出せるタイプはあまりありません．

　WindowsやLinuxパソコンにつなぐタイプの安価なビデオ・カメラがたくさん出回っていますが，ロボットの目や監視装置を作りたいときに，USBインターフェースの仕様が公開されていなかったり，USBマスタ機能を搭載した本格的なマイコンを使いこなす必要があったりして大変です．

　スマホの撮像部分にあるカメラ・モジュールなら比較的簡単に手に入りますが，専用のインターフェースだったり，高速のパラレル・インターフェースが必要だったりで，気軽に使える代物ではありません．

　今回は，パラレル・インターフェースで画像データを高速に出力できるカメラ・モジュールYA10052-9X9をキー・パーツとしながら，多くのマイコンが内蔵するSPIインターフェースで画像データを引っ張り出せるビデオ・カメラ・モジュールVCAMBを作りました（タイトル・カット写真）．

　このVCAMBと，カラー有機ELディスプレイ・モジュールOB（marutsu），本書に付属するトラ技ARMライタで，カラー・ビデオ・モニタを組み立てました（写真1）．

ビデオ・カメラ・モジュールVCAMBは，marutsuで購入できます．
型名はMYARM-EX-VBです．

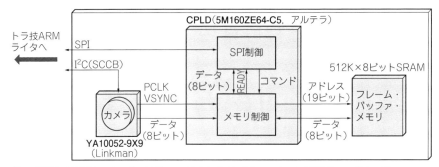

図1 製作したビデオ・カメラ・モジュールVCAMB（タイトル・カット写真）のハードウェア

製作したビデオ・カメラ・モジュールVCAMBのハードウェア

● 全体構成と回路図

製作したビデオ・カメラ・モジュールVCAMBの構成を図1に示します．

VCAMBと外部基板とのインターフェース信号を表1に，VCAMBの回路を図2(p.126)に示します．VCAMBに搭載されているCPLD内の回路を図3(p.128)に示します．

CPLD内の回路は，以下から構成されています．

- SPIスレーブ動作を行うSPI制御回路
- メモリ制御回路．カメラ・モジュールからフレーム・バッファのデータの書き込みと，SPI経由でフレーム・バッファからマイコンへのメモリ・データの読み出しを制御する
- カメラ・モジュールからのデータをフレーム・バッファに書き込むときのメモリ・アドレスを生成する19ビット・メモリ・アドレス・カウンタ
- フレーム・バッファ読み出し時の先頭アドレスをSPI上のコマンドとしてマイコンから設定するために使用する19ビット・メモリ・アドレス・レジスタ

● ビデオ・カメラ・モジュールVCAMBの特徴

▶多くのマイコンが備えるSPIインターフェースでデータを読める

I^2CやRS-232-Cに比べて高速，USBに比べて制御が簡単，パラレル・インターフェースよりも配線が少なくて済みます．

▶データ転送の制御をSPIのコマンドで行える

あまりハードウェアに詳しくなくても，比較的すぐに動かせると思います．またSPIのコマンドで制御できるということは，マイコンを変えてもソフトウェアを流用できる可能性があります．

表1 製作したビデオ・カメラ・モジュールVCAMBの入出力端子

コネクタ名	ピン番号	名称	説明
CN₁	1	GND	グラウンド
	2	NC	未接続
	3	3.3 V	3.3 V電源入力
	4	NC	未接続
CN₂	1	RESET	リセット
	2	VSYNC	垂直同期信号
	3	NC	未接続
	4	HSYNC	水平同期信号
CN₃	1	READ_RQ	フレーム・バッファ・リード要求
	2	SPI_CS	SPIスレーブ選択
	3	SCB_SCL	SCCBクロック
	4	SCB_SDA	SCCBデータ
CN₄	1	READY	データ・レディ
	2	SPI_CLK	SPIクロック
	3	SPI_OUT	SPIデータ出力
	4	SPI_IN	SPIデータ入力

▶遅いマイコンでもぶれの少ない画像データを得られる

フレーム・バッファ搭載で，マイコンから任意のスピードで読み出しができます．

▶画面内の任意箇所のデータが読める

フレーム・バッファにRAMを使っているので，画面中の任意の場所だけ取り出せます．画像データを使って画像処理をする場合に便利かと思います．紹介したサンプルでは，インタレース読み出し(1ラインおきに読み出し)を行って，見かけの表示速度を上げています．

▶MARY(p.140のコラム参照)の拡張ボードなので，MAPLEなどの今までの資産が使える．ブレッドボードにも載る．

▶カメラはパン・フォーカスのレンズなのでピント合わせが不要

▶縦横34 mmと小型

写真2 最高30fps！カメラ・モジュール YA10052-9X9の外観（9 mm×9 mm）

写真3 レンズ前10 cmでの近距離撮影も可能

キーパーツ

1 カメラ・モジュール YA10052-9X9

● こんなモジュール

今や定番となったCMOSイメージ・センサOV7670（OmniVision Technologies）を搭載したLinkman製のカメラ・モジュールです．

▶遠くから近くまでクッキリ！

カメラ・モジュールYA10052-9X9は，大きさ9×9 mm，厚さ4.2 mmという小さな部品です．基板に，

- CMOSイメージ・センサOV7670
- 電源周りのコンデンサ
- パン・フォーカスの小さなレンズ

が組み込まれています（**写真2**）．レンズの焦点を調節する機構は付いていませんが，遠くから近くまで比較的きれいな画像が得られます．

画像を見ながら被写体をカメラ・レンズに近づけながらピントを確認すると，**写真3**に示すようにレンズ前10 cmでもきれいな画像が出力されました．

▶基本仕様

カメラ・モジュールYA10052-9X9の仕様を**表2**に，端子の仕様を**表3**に示します．

機能の設定は，後述するようにSCCBインターフェースのSIO_D，SIO_Cの2本のシリアル・インターフ

表2 カメラ・モジュールYA10052-9X9の仕様

項　目	仕　様
撮像部	1/6インチCMOSセンサ
実効画面サイズ	VGA（640×480）
出力形式	YUV，YCbCr4：2：2，RGB565/555/444，GRB4：2：2，Raw RGB Data
最大フレームレート	30 fps（VGA時）
外部クロック	10～48 MHz，VGA時24 MHz
電源電圧	2.8 V±10%
消費電力	60 mW
レンズ構成	3P+1R
焦点距離	2.6 mm

表3 カメラ・モジュールYA10052-9X9のピン仕様

ピン番号	名称	タイプ	説　明
1	GND	Power	シールド・グラウンド
2	HREF	Output	水平同期信号
3	VSYNC	Output	垂直同期信号
4	PWDN	Input	パワー・ダウン・モード選択，1：Power Down Mode
5	PCLK	Output	ピクセル・クロック
6	V_{DD}	Power	電源（ディジタル，アナログ）（1.8 V）
7	DOV_{DD}	Power	I/O電源（1.7 V - 3.0 V）
8	SIO_D	I/O	シリアル・インターフェース，データ
9	XCLK	Input	クロック入力
10	SIO_C	Input	シリアル・インターフェース，クロック
11-14，16-19	Y0-Y7	Output	ビデオ画像データ　8ビット・パラレル
15	GND	Power	グラウンド
20	RESET	Input	リセット，0：リセット

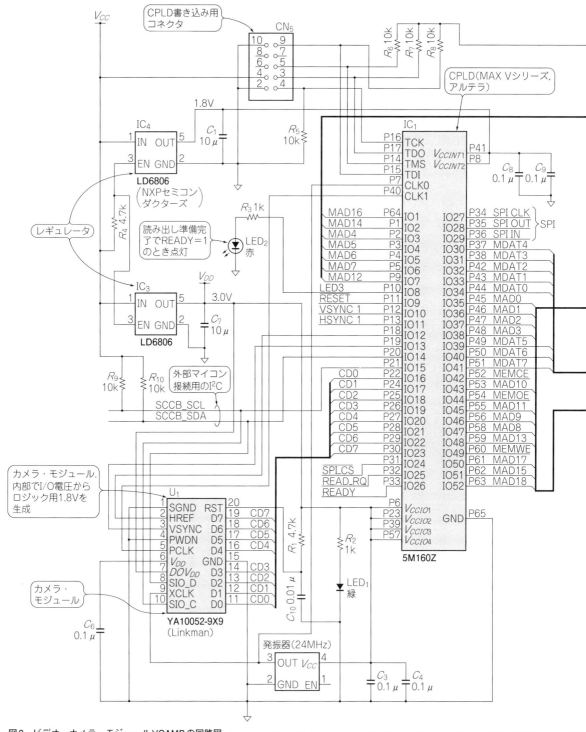

図2 ビデオ・カメラ・モジュールVCAMBの回路図

ェースで行います．カメラの画像データは，Y0～Y7から8ビット・パラレルで出力されます．クロック信号がPCLKです．

アナログ電源は内部で接続されていて，ディジタルI/O電源1ピンしかありません．ディジタルのコア電源は内部で1.8 Vの電圧を発生しています．外付けのコンデンサは必要ですが電源供給は不要です．

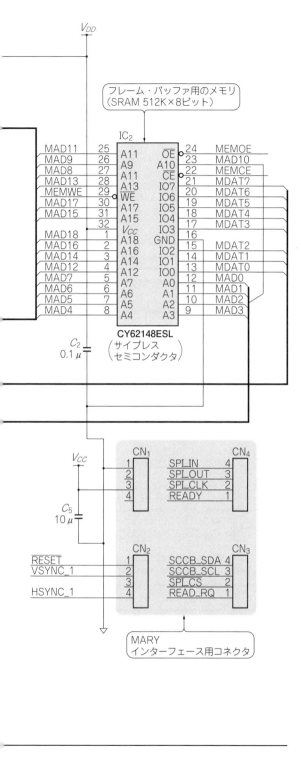

使います.

SCCBはI²Cのサブセット的なインターフェースで,マイコンのI²Cインフェースで制御できます.図4にレジスタ書き込みのフォーマットを示します.

CMOSイメージ・センサOV7670がもつ多くの機能を利用するときは,I²Cから制御用レジスタ(アドレス0x00～0xCAの202個)にアクセスします.

SCCBのレジスタへのアクセス手順はI²Cと同じです.レジスタにデータを書き込む場合は,書き込みスレーブ・アドレスの0x42(書き込みスレーブ・アドレス),レジスタ・アドレス,書き込みデータの3バイトを送出します.

レジスタを読み出す場合は,0x42(書き込みスレーブ・アドレス),レジスタ・アドレス,0x43(読み出しスレーブ・アドレス)の3バイトを送出することで,その後OV7670からの1バイトのデータを受け取ることができます.

▶CMOSイメージ・センサOV7670の初期設定も必要

OV7670の制御レジスタには,規定値が設定されています.実際の撮影機器では,OV7670のクロックの分周比,画像データの出力フォーマット,画像サイズなどを電源投入直後に設定します.初期設定の方法は後述します.

2 CPLD MAX V

CPLD MAX V(アルテラ)に書き込まれたハードウェア・ロジックは,VCAMB内のカメラ・モジュール,フレーム・バッファ用のメモリ,SPIインターフェースを制御します.

CPLDは,マイコンにソフトウェアを書き込む程度の簡便さでハードウェア回路を自由に書き換えることができる部品です.

当初,制御回路には,設計の容易なマイコンを使うことを考えました.しかし,カメラ・モジュールからの出力が約10Mバイト/sと高速なことから,これを取り込むマイコンには,パラレル・キャプチャ機能やDMA転送機能,フレーム・バッファ用に数百Kバイトのメモリなど,ハイスペックが要求されます.その一方,必要な機能は,フレーム・バッファへの画像データの書き込み/読み出しと,SPIのスレーブ機能だけで,非常に単純です.このことから,ハードウェア・ロジック(CPLD)で実現するのが一番コストパフォーマンスが高いと判断しました.

今回は安価なMAX Vシリーズを使用しました.MAX Vのコアの電源電圧は1.8Vですが,I/O用の電源端子に必要な電圧を接続することで種々の電圧レベルの回路をつなぐことができます.

今回使用した5M160ZE64C5は,64ピンEQFPパッケージのデバイスです.ピン間隔は0.4mmで,小さ

● 撮影機能を設定するときに書き換えるレジスタへのアクセス

カメラ・モジュールYA10052-9X9の制御レジスタの読み込みと書き込みは,SCCBインターフェースを

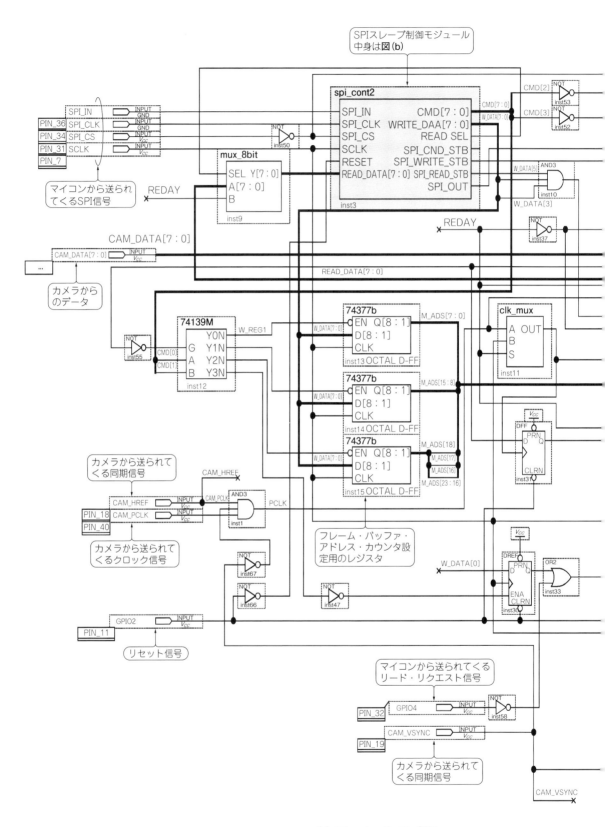

(a) フレーム・バッファ制御

図3 ビデオ・カメラ・モジュールVCAMBに搭載したCPLD内部の回路

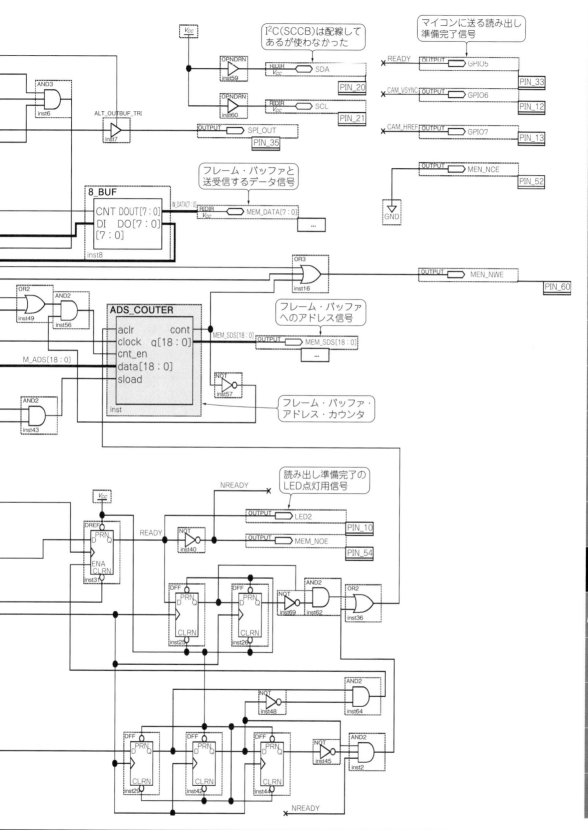

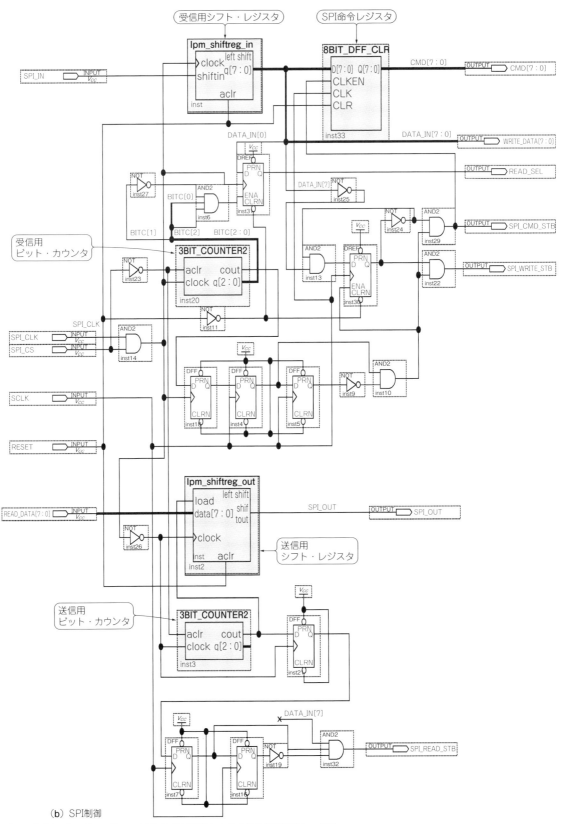

(b) SPI制御

図3 ビデオ・カメラ・モジュールVCAMBに搭載したCPLD内部の回路（つづき）

S	ID	X	レジスタ・アドレス	X	データ	X P

S	スタート・コンディション
ID	書き込みの場合は0x42
レジスタ・アドレス	データを書き込むレジスタのアドレスを指定する
データ	レジスタに書き込むデータを指定する
×	無効ビット(Hi-Z)

図4 カメラ・モジュールYA10052-9X9のレジスタ書き込みフォーマット

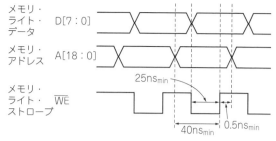

図5 フレーム・バッファ書き込み信号はCPLDで生成

なボードに載せるのに好都合です．このパッケージ形状で一番大きなロジック・エレメント(LE)数のもの(160LE)を使いました．

CPLDの論理設計ツールには，アルテラのQuartus IIを使います．VHDLなどのほかに回路図インターフェースでも設計できます．

回路図インターフェースは，Quartus IIの画面上にレジスタや論理ゲートを並べて線で結ぶだけで制御回路を作ることができます．標準ロジックICの多くがライブラリとして用意されています．カウンタやレジスタなどは，ウィザードでデータ幅やリセット端子などの条件を与えるだけでマクロを作ることもできます．

回路図は階層構造が使えます．図3(b)のSPI制御回路はマクロ化して，図3(a)ではモジュールのように扱っています．

回路データは，アルテラ製のバイト・ブラスタやUSBブラスタを使って，JTAGピンから書き込みができます．ビデオ・カメラ・モジュールVCAMBにはJTAGコネクタをつなぐパターンも用意してあります．

③ SRAM

● 512Kバイトのフレーム・バッファ

フレーム・バッファは，512K×8ビット(4Mビット)のSRAM CY62148ESL(サイプレス)を使用します．

フレーム・バッファは，VGA(640×480ピクセル)の1画面分で1ピクセル2バイトとすると，614.4Kバイトの容量が必要です．

フレーム・バッファは複数画面ぶんあったほうが良いのですが，大容量のメモリは高価なため，VGAの場合は640×400ピクセルが格納可能な512Kバイトで妥協しました．メモリはリフレッシュ処理がいらず制御が簡単なSRAMを使いました．

今回採用したメモリのアクセス時間は55nsなので，カメラ・モジュールのクロック周波数(24MHz,40ns)そのままでの書き込みは仕様上できません．

そこで，カメラ・モジュールYA10052-9X9の設定を変えて，画像データ出力時のクロックPCLKは24MHzを2分周した12MHzにして使います．ただし，試しにPCLKの分周を1(24MHz)に設定して動かしても，問題なく動いてはいるようでした．

フレーム・バッファへの書き込みを行うメモリ・ライト・ストローブ信号は，PCLKにいくつか書き込み許可の条件を追加して作っています．メモリ・ライトは，メモリ・ライト・ストローブの立ち上がりエッジで行われるので，同じタイミングでメモリ・アドレスを更新し，連続アドレスに順次書き込みが行えるようにしています．図5に書き込みとアドレス更新のタイミングを示します．

イメージ・センサが出力する画像データのフロー制御回路

■ 画像データの流れ

● カメラ・モジュールYA10052-9X9が出力する画像データ

カメラ・モジュールYA10052-9X9からは，8ビット・パラレルのデータ・ラインから画像データが常に出力されています．

データのフォーマットは，制御レジスタの設定でYUVやRGBなどから選べます．RGB565を選ぶと，1ピクセルは赤色5ビット，緑色6ビット，青色5ビットの合計2バイトのデータとして出力されます．

画面サイズにVGAを選ぶと，640(横)×480(縦)ピクセルとなり，データ量はRGB565なら1フレームあたり614.4Kバイト(=640×480×2バイト)です．

図6に示すように，水平同期信号HREFが横1ラインごとに(VGAのとき1280バイト=640×2ごと)，垂直同期信号VSYNCが1フレームごと(VGAのとき614.4Kバイトごと)出力されます．HREFやVSYNCが出力されている間は，画像データは出力されません．

画像データは，カメラ・モジュール内のCMOSイメージ・センサOV7670に供給したクロック(24MHz)を内部で分周したPCLK信号に同期して出力されます．PCLK信号は制御レジスタへの設定により1～32分周で変えることができます．図7に示すように，PCLKの立ち下がりエッジでデータが変化します．

131

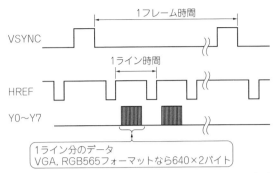

図6 カメラ・モジュールからYA10052-9X9出力される画像データのフォーマット

● 1画面弱のデータをフレーム・バッファに蓄積

　カメラ・モジュールYA10052-9X9に電源を加えると，画像データが常時出力されます．PCLKを分周比2（12MHz）に設定すると，速度12Mバイト/秒で画像データが出力され続けます．このデータを受け取るには，このデータ・レートでデータを受信する必要があります．

　カメラ・モジュールVCAMBに搭載した512KバイトのSRAMメモリに，1画面分の画像データを格納します．このようなメモリをフレーム・バッファと呼びます．いったん蓄えることで，カメラ・モジュールYA10052-9X9が出力するデータ速度と無関係にマイコンの都合でデータを取り込めます．

イメージ・センサのデータ読み出しはできるだけ速く！
ぶれの小さいきれいな映像を撮るために

　動く被写体を撮影する場合，シャッタ速度が速いほうがぶれないことは，通常のカメラと同じです．今回使用したCMOSイメージ・センサでも同様です．

　CMOSイメージ・センサは，ローリング・シャッタ呼ばれる方式が使われています．ローリング・シャッタは，図Aで示すようにイメージ・センサの横一列ごとにシャッタを切る方式です（図B）．この方式は低電圧，低消費電力動作が可能で，組み込み機器には最適です．しかし，図A(b)に示すように動いている被写体を撮影した場合は，横一列のシャッタ・スピードがいくら速くても，センサの上部から下部までの一画面のデータ読み出しを高速で行わないと，ラインごとの画像のずれが大きくなり綺麗な画像が撮影できません．

　従来，静止画用のカメラに使われてきたCCDイメージ・センサは，グローバル・シャッタと呼ばれる方式を使っており，1画面一括でシャッタを切るため，読み出し速度に関わらずシャッタ・スピードに応じた画像を撮ることができます．

　今回使用した，カメラ・モジュールYA10052-9X9に使われているCMOSイメージ・センサOV7670は，ローリング・シャッタ方式を採用しているので，カメラ・モジュールからの画像データの読み出しは極力高速に行ったほうが，動く被写体に追従できるようになります．

　OV7670の画像データの読み出し速度は，OV7670

(a) 読み出し速度が速いとき（PCLK＝24MHz）

(b) 読み出し速度が遅いとき（PCLK＝3MHz）

写真A　回転するオモチャを撮影してみた

VGAで1ピクセル2バイトのデータを出力させた場合は，400ライン分でフレーム・バッファが一杯となるため，余った80バイトは捨てられます．後述するように解像度を変えたり，取り込む画面範囲を指定して出力される1画面分のデータを減らしたり，1ピクセル1バイトのBayerRGBの設定をしたりすれば，1画面をフレーム・バッファに収められます．

▶フレーム・バッファがないとどうなるか

　トランジスタ技術2012年3月号特集の第3章に汎用マイコンで直接カメラからデータを取り込む記事があります．この例では128×128の解像度で10Mバイトのクロックを48分周してやっと取り込めたようです．マイコンはPIC18LF4620の40MHz動作です．これだ

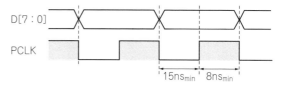

図7　画像データ信号はピクセル・クロックの立ち下がりで変化する

と0.6 fpsになります．マイコンはかなりギリギリの処理をしているのでちょっと他に余分な処理をすると割り込みが間に合わなくなっています．動く物体の撮影にも問題が出てきます．

内のプリスケーラの分周比で設定されるPCLKで制御できます．このPCLKの周波数がどのくらい撮影画像に影響があるのか，VGAの静止画撮影で比較しました．

　写真A(a)は，供給クロック24MHzを分周しない24MHzのPCLKを使用しました．**写真A(b)**は8分周した3MHzを使用しました．被写体には，モータで動くおもちゃの車を回転させて使用しました．

　写真A(a)は少しぶれているもののなんとか止まって撮影できているのに対して，**写真A(b)**では車の画像が回転方向に流れた画像になっています．

　今回製作したビデオ・カメラ・モジュールは，

CPLDを使ったハード制御でフレーム・バッファ用メモリに書き込みを行っているため，高速に画像データを読み出すことができます．

　一方，ハード制御のフレーム・バッファを持たず，ソフトウェア制御で直接カメラ・モジュールから画像データをマイコンに取り込むような場合は，マイコンのソフトウェア処理性能の制限から，今回実験した8分周やもっと遅い16分周したPCLKでの読み出しとなるため，動いている被写体を綺麗に撮ることは難しいでしょう．

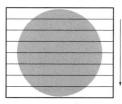

（a）読み出しが速い（PCKL：高）

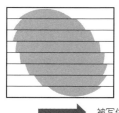

（b）読み出しが遅い（PCLK：低）

図A　画像データの読み出し速度が遅いとひずんだ画像が出力される

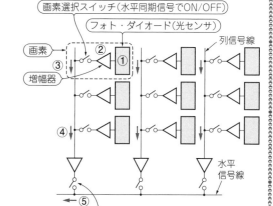

図B　ローリング・シャッタになるCMOSイメージ・センサの動作原理

● トラ技ARMライタでフレーム・バッファから画像データをGET

　CPLDが制御するSPIインターフェース経由で，フレーム・バッファからマイコン（トラ技ARMライタ）へ1フレームごとに画像データを読み出します．読み出し中にフレーム・バッファの内容が変わってしまわないようにします．次の手順で読み出します．

(1) カメラ・モジュールYA10052-9X9からは電源ONリセット後，常時画像データが出力され，ビデオ・カメラ・モジュールVCAMB内のフレーム・バッファを上書きする
(2) マイコンからビデオ・カメラ・モジュールVCAMB内のCPLDへフレーム・バッファ・リード要求をセットすることで，フレーム・バッファの上書き停止を要求する
(3) ビデオ・カメラ・モジュールVCAMB内のCPLDは，フレーム・バッファ・リード要求を受け取ると，VSYNCが来るまでフレーム・バッファの上書きを継続し，VSYNCの立ち上がったところで上書きを停止する
(4) マイコンは，データ・レディが'1'に変化することを待つ．データの上書きが停止したことは，データ・レディが'1'に変わったことからわかる
(5) データ・レディが'1'になったらマイコンへフレーム・バッファから1画面分のデータを読み出す
(6) 読み出し終わったら，マイコンはビデオ・カメラ・モジュールVCAMB内のCPLDのフレーム・バッファ・リード要求（READ_RQ）をリセットする．このことで，フレーム・バッファの上書きが再開される
(7) データ・レディが'0'に変わるのを待つ
(8) (1)の動作に戻る

● CPLDのSPIインターフェース制御回路

　前出の図3(b)がSPI制御回路です．送受信二つの8ビット・シフト・レジスタと二つの3ビット・カウンタ，コマンド・レジスタと制御ロジックから構成されます．

　ビデオ・カメラ・モジュールVCAMBはSPI上で動作するいくつかの命令を実装しています．表4にこのSPI命令仕様を示します．

　図8にSPIライト・レジスタ命令動作のタイムチャートを示します．SPIライト・レジスタ命令は1バイトの命令と1バイトのデータから構成されています．

表4　ビデオ・カメラ・モジュールVCAMBのSPI命令仕様

4ビット	4ビット	8ビット
コマンド	レジスタ・アドレス	データ

コマンド	コマンド	R/W	説　明
レジスタ・ライト	00x0	W	レジスタにデータを書き込む
レジスタ・リード	10x0	R	レジスタからデータを読み出す
アドレス・カウンタ・インクリメント（フレーム・バッファ）	x010	R	バッファ・アドレスを+1する

(a) コマンド

レジスタ名	レジスタ・アドレス	RW	内　容
メモリ・アドレス（LOW）	0000	W	メモリ・アドレス0
メモリ・アドレス（MID）	0001	W	メモリ・アドレス1
メモリ・アドレス（HIGH）	0010	W	メモリ・アドレス2
カメラ・データ	1000	R	フレーム・バッファ・データ
制御データ	0011	W	bit0：フレーム・バッファ・リード要求 bit0 = 1 1フレームの最後またはフレーム・バッファの最後までデータ書き込みを行った後，フレーム・バッファの上書きを禁止する．READ_RQ信号←"0"と同じ動作をする bit0 = 0 1フレームの始まりを待って，フレーム・バッファの上書きを再開する
ステータス	0100	R	bit0：データ・レディ フレーム・バッファ・リード要求を行うと後，最新の1フレーム分のデータがバッファに書き込まれると1になる フレーム・バッファ・リード要求を解除後，フレーム・バッファの上書きが再開すると0になる

(b) レジスタ・アドレス

SPI_CSがイネーブルになった後の最初の1バイトを命令と判断して，このコマンドがライト命令の場合は，続く1バイトをデータとして処理する動きをします．

図9にSPIリード・レジスタ命令の動作のタイムチャートを示します．SPIリード・レジスタ命令は1バイトの命令に続いてビデオ・カメラ・モジュールVCAMBから1バイトのデータが転送されます．SPIのデータ・ラインは送受信2本のラインがあるので，SPIリード・レジスタ命令の送出とビデオ・ボードからのデータの読み出しは並行して行えます．SPIリード・レジスタ命令を連続して処理する場合は，2番目の命令の送出とビデオ・カメラ・モジュールVCAMBからのデータ読み出しは同時に行われます．したがって，図10に示すように効率良く画像データを読み出すことができます．

● CPLDのメモリ制御回路

前出の図3(a)がメモリ制御回路です．これは二つのステートを持つステートマシンを構成しています．

図11に，この二つのステートを描いたステートマシン図を示します．マイコンからビデオ・ボードのリセットを行うとビデオ・カメラ・データ書き込みステートに入ります．ビデオ・カメラ・データ書き込みステートでは以下の動作を行います．

▶ビデオ・カメラ・データ書き込みステート

(1) VSYNC信号がアサートされるのを待って19ビット・メモリ・カウンタをリセットし，YA10052-9X9からの画像データが出力されるのを待ちます．
(2) 画像データが出力されたら，メモリの0番地から順にメモリ・アドレス・カウンタを+1しながらバッファ・メモリ書き込んでいきます．
(3) VSYNC信号がアサートされると，(1)に戻り(1)と(2)を繰り返します．
(4) VSYNC信号がアサートする前にバッファ・メモリが一杯になった場合は，VSYNC信号がアサートされるまで以降のメモリへの書き込みを禁止します．
(5) SPIライト・レジスタ命令でフレーム・バッファ・リード要求がセットされたら，VSYNC信号が

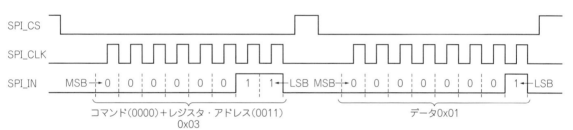

図8 ビデオ・カメラ・モジュールVCAMBのSPIライト・レジスタ命令の使い方
コマンド送出後，次に1バイトのデータを送出する

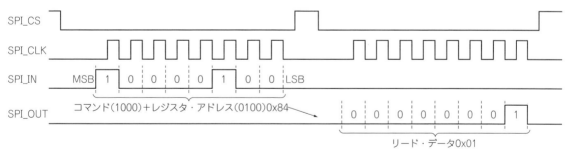

図9 ビデオ・カメラ・モジュールVCAMBのSPIリード・レジスタ命令の使い方
コマンド送出後，次の1バイトでVCAMBから1バイトのデータが送出される

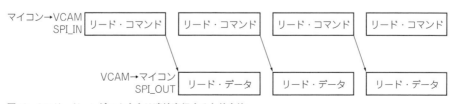

図10 SPIリード・レジスタ命令は連続実行すると効率的
データを受け取るとき，同時にコマンドを送出できる

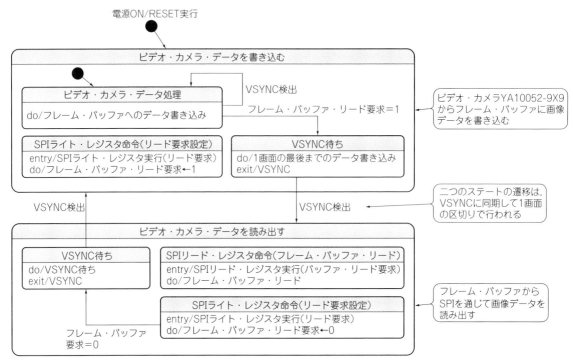

図11 CPLD内部の論理のステートマシン図

立ちあがるのを待って,バッファ・メモリへの書き込みを禁止してデータ・レディをセットした後,ビデオ・カメラ・データ読み出しステートに入ります.
(6) データ・レディは,SPIリード・レジスタ命令でステータスを読み出すことで確認できます.

▶ビデオ・カメラ・データ読み出しステート
(1) このステートに入っているときは,SPIリード・レジスタ命令を受けたら,メモリ・アドレス・カウンタでアドレスされたメモリの内容をSPIに出力します.その後メモリ・アドレス・カウンタを+1し次の命令に備えます.
(2) SPIライト・レジスタ命令のメモリ・アドレス・レジスタに転送開始のメモリ・アドレス値を設定

することができます.これによって,フレーム・バッファの任意の位置からの画像データを読み出せます.
(3) SPIライト・レジスタ命令でフレーム・バッファ・リード要求をリセットすると,VSYNC信号がアサートするのを待って,ビデオ・カメラ・データ書き込みステートに入り(戻り)ます.

▶SPI経由でなく直接制御できる信号線も用意
フレーム・バッファ・リード要求とデータ・レディ信号は,SPIからのレジスタの書き込みや読み出しだけでなく,直接ビデオ・カメラ・モジュールVCAMBとのインターフェース信号でも操作できます.

カラー・モニタ付き セキュリティ・カメラを試作

■ 実験器のあらまし

ビデオ・カメラ・モジュールVCAMBと下記のモジュールで,ビデオ・モニタを組み立ててみました.構成を図12に示します.

- トラ技ARMライタ(本書の付録基板)
- 有機ELディスプレイ・モジュールOLED
- 3cm角の機能モジュールを二つ搭載できるベース・ボードMAPLE-mini TypeB(marutsu)

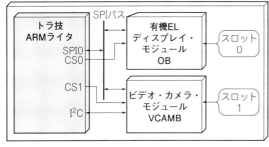

図12 ビデオ・モニタのハードウェア構成

カメラ →フレーム・ バッファ (614400 バイト転送)	バッファ →(SPI)→トラ技 ARMライタ (32768バイト転送)	トラ技 ARMライタ→(SPI)→OLED (32768バイト転送)	その他 処理時間
33ms	69ms	116ms	16ms

1画面の処理時間：234ms

図13 動画転送に必要な時間

■ 装置の動作結果

　実験結果から説明しましょう．ビデオ・カメラ・モジュールで動画データを取り込みOLEDに表示します．画像ができるだけ自然な動画に見えるようにサンプル・プログラムを工夫しました．

● 撮影から表示まで0.23秒（4 fps）

　カメラ・モジュールYA10052-9X9は画像データを30 fpsで出力できるので，この速度で取り込み，かつ表示できれば，自然な映像を表現できます．これを実現するには，983 Kバイト/s（= 128×128×2バイト×30 fps）の転送速度が必要です．半分の15 fpsでも500 Kバイト/s必要です．そこで，

> カメラ・モジュールYA10052-9X9→フレーム・バッファ→トラ技ARMライタ→OLED

のデータ・パスとして，どのくらいのデータ転送速度が出ているのか測定してみました．

　測定条件として，カメラ・モジュールYA10052-9X9からはVGAで出力，ビデオ・カメラ・モジュールVCAMBとOLEDのSPIは12 MHzクロックで動かしました．

● 表示速度は4 fps

　図13に示すように1画面の表示にかかる時間は，カメラ・モジュールYA10052-9X9からフレーム・バッファへの転送時間，フレーム・バッファからマイコンへの転送時間，マイコンからOLEDへの転送時間と，マイコン処理時間の合計です．これをみると，1画面の表示には約0.23秒（4 fps）要しており，約142 Kバイト/sです．

● より滑らかに動かすインターレースも実装

　今回の実験では，フレーム・バッファの任意の位置からデータが取り出せるビデオ・カメラ・モジュールVCAMBの機能を活用して，最初に偶数ラインの128×64をOLEDに描画してから，残りの奇数ラインの128×64を描画するようしました．画像が動くと，ラインのギザギザが目立ちますが，見た目の反応がずっと動画らしくなりました．こんな細かな制御ができるのも，フレーム・バッファにRAMを使った利点でしょう．

■ 組み立て用のパーツ

① ベース・ボード MAPLE-mini TypeB

　ビデオ・カメラ・モジュールVCAMBを動かすためのベース・ボードとしてMAPLE-mini TypeB（MAEX）を使いました．本書付属のトラ技ARMライタや他のmbedをメインのマイコン・ボードとして，MARY拡張ボードを2台制御できます．

　マイコン・ボードおよび二つの拡張ボードを搭載するスロットのインターフェースを表5に示します．

▶インターフェース1：SPI

　マイコン内蔵の一つのSPIポートで二つのスロットのSPIスレーブを動かせるようになっています．入出力のデータ・ラインとクロック・ラインは二つのスロットで共通ですが，CS信号（SPI_CS）はスロット1と2で別の信号が配られています．どちらのスロットのスレーブを動かすかは，イネーブルにするCS信号で切り替えます．

▶インターフェース2：I²C

　オープン・ドレインのバス接続で二つのスロットに同じ信号が供給されています．

▶インターフェース3：シリアル

　1：1のインターフェースですが，出力をオープン・ドレインで行うことでOR接続できるようにしてあります．今回製作したビデオ・カメラ・モジュールVCAMBではシリアル・インターフェースは使いません．

▶インターフェース4：GPIO

　それぞれのスロットにマイコンのI/OポートがGPIOラインとして供給されています．特にスロット2については，MARYのUIボードを使えるよう，DIPスイッチの切り替えでGPIOのアサインを変更できます．図14に今回の場合のDIPスイッチの設定を示します．

② 有機ELディスプレイ（OLED）

　従来から用意されているMARY拡張モジュールの一つです．128×128で，データ形式はRGB565に対応しています．

表5 ベース・ボードMAPLE-mini TypeBのスロットにあるインターフェース信号
スロット1：有機ELディスプレイOLED，スロット2：ビデオ・カメラ・モジュールVCAMB

スロット	コネクタピン	名称	説明	マイコン・ボード		
				トラ技ARMライタ	mbed	MYARM
2 (VCAMB)	CN1-1	GND	グランド	GND	GND	GND
	CN1-3	3.3 V	電源3.3 V	3.3 V	3.3 V	3.3 V
	CN2-1	RESET	リセット	PIO1_15	P26	PIO1_9
	CN3-1	READ_RQ	フレーム・バッファ・リード要求	PIO1_19	P29	PIO0_3
	CN3-2	SPI_CS	SPIスレーブ選択	PIO0_2	P22	PIO0_2
	CN3-3	SCB_SCL	SCCBクロック	PIO0_4	P27	PIO0_4
	CN3-4	SCB_SDA	SCCBデータ	PIO0_5	P28	PIO0_5
	CN4-1	READY	フレーム・バッファ・リード・レディ	PIO0_20	P25	PIO1_8
	CN4-2	SPI_CLK	SPIクロック	PIO0_10	P7	PIO0_6
	CN4-3	SPI_OUT	SPIデータ出力	PIO0_8	P6	PIO0_8
	CN4-4	SPI_IN	SPIデータ入力	PIO0_9	P5	PIO0_9
1 (OLED)	CN1-1	GND	グランド	GND	GND	GND
	CN1-3	3.3 V	電源3.3 V	3.3 V	3.3 V	3.3 V
	CN2-1	VCC_ON	電源ON(OLED)	PIO0_11	P15	PIO0_11
	CN3-1	RES	リセット(OLED)	PIO0_12	P16	PIO1_0
	CN3-2	SCS	SPIスレーブ選択(OLED)	PIO0_16	P20	PIO1_4
	CN3-3	SCL	I^2Cクロック(MEMS)	PIO0_4	P27	PIO0_4
	CN3-4	SDA	I^2Cデータ(MEMS)	PIO0_5	P28	PIO0_5
	CN4-1	INT	割り込み(MEMS)	PIO0_13	P17	PIO1_1
	CN4-2	SCLK	SPIクロック(OLED)	PIO0_10	P7	PIO0_6
	CN4-3	SPI_OUT	SPIデータ出力	PIO0_8	P6	PIO0_8
	CN4-4	SDIN	SPIデータ入力(OLED)	PIO0_9	P5	PIO0_9

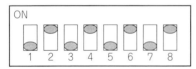

図14 ベース・ボードMAPLE-mini TypeBのDIPスイッチ設定

③ トラ技ARMライタ

本書に付属するマイコン基板です．NXPセミコンダクターズ社のLPC11U35を搭載しています．mbedと互換なので他のmbedと置き換えても使えます．LPC11U35には，パソコンと接続するとUSBメモリとして見えるようにファイル・システムが組み込まれているので，ソフトウェアの書き込みが簡単に行えます．

■ ソフトウェア

● GPIO，I^2C，SPIを初期化する

図15にソフトウェアのフローを示します．

今回使用するGPIOの入出力の方向と初期値の設定を行います．I^2Cはサンプル・コードに初期化処理があるので，それを呼び出します．

SPIは，データ長や転送速度を設定しますが，今回使用するビデオ・カメラ・モジュールVCAMBのデータ長は8ビット，有機ELディスプレイOLEDのデータ長は9ビットです．データ転送速度はVCAMB，OLED共に12Mバイト/sで動かします．

今回使用したマイコンLPC11U35は，SPIを2本持っています．それぞれVCAMBとOLEDに割り当てれば高速な処理ができるはずなのですが，ベース・ボードMAPLE-mini TypeBは，1本のSPIを二つのスロットで共有する仕様のため，これができません．

動作させるスロットを切り替える度にマイコンのSPIマスタの設定を変更するswitch_spi( )関数を用意しました．

● カメラ・モジュールの設定を初期化する

カメラ・モジュールから出力する画像データのサイズやデータ・フォーマット，出力のデータ速度，明るさ，色調などの設定は，カメラ・モジュール内のCMOSイメージ・センサOV7670のレジスタへの書き込みで行います．

初期設定値は，トランジスタ技術2012年3月号特集「ちょこっとカメラ」第1章の値をベースに，今回使用する画像データのサイズ（VGA，QVGA，QCIFなど）とデータ・フォーマット（YUV，RGB565など），PCLKの分周比などの変更を加えた値を使いました．

I^2Cを使ったレジスタの書き込みは，図4に示す3

バイトのフォーマットのデータで行います．設定個所は100近くもあるので，レジスタ・アドレスと設定値を2次元配列に格納して，順次書き込む処理を行いました．今回使用した設定値を**表6**に，NXPセミコンダクターズのI²Cライブラリを使ったソース・コードを**リスト1**に示します．

● フレーム・バッファの読み出し

ビデオ・カメラ・モジュールVCAMBのフレーム・バッファをマイコンから読み出す場合，最初にカメラ・モジュールからフレーム・バッファへの書き込みを停止させるため，マイコンからビデオ・カメラ・モジュールVCAMB（内のCPLD）にフレーム・バッファ・リード要求を行います．

フレーム・バッファ・リード要求は，SPIライト・レジスタ命令で制御データ・レジスタにフレーム・バッファ・リード要求ビットをセットする方法と，ビデオ・カメラ・モジュールVCAMBのインターフェース信号READ_RQをセットする方法の2通りを用意しました．

READ_RQ信号はアクティブ・ローなので，この信号が接続されているGPIO0_19に0をセットします．フレーム・バッファ・リード要求後，1フレーム分のデータがバッファ・メモリに書き込まれVSYNC信号が出力されると，ビデオ・カメラ・モジュールVCAMBのインターフェース信号READYがセットされるので，マイコンではこの信号を確認します．

READY信号の確認も，ステータス・レジスタでデータ・レディ・ビットを確認する方法と，READY信号が接続されているGPIO0_20を読み込む方法，2通りの方法で行うことができます．SPI命令を使用する方法は手順が面倒で時間もある程度かかりますが，マイコン・ボードの種類によってポート番号を変える必

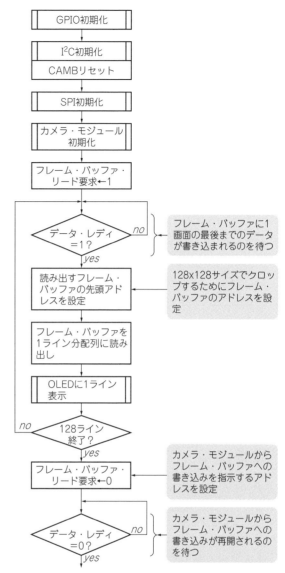

図15 ビデオ・カメラ・モジュールVCAMBから1画面ぶんのデータを読み出してOLEDへ表示する概略フロー

表6 ビデオ・カメラ・モジュールVCAMBに搭載しているカメラ・モジュールYA10052-9X9の初期化設定値

アドレス	0x01	0x02	0x03	0x0c	0x0e	0x0f	0x11	0x12	0x15	0x16	0x17	0x18	0x19	0x1a	0x1e
データ	0x40	0x60	0x02	0x0c	0x61	0x4b	0x81	0x04	0x00	0x02	0x39	0x03	0x03	0x7b	0x37
アドレス	0x21	0x22	0x29	0x32	0x33	0x34	0x35	0x37	0x38	0x39	0x3b	0x3c	0x3d	0x3e	0x3f
データ	0x02	0x91	0x07	0x80	0x0b	0x11	0x0b	0x1d	0x71	0x2a	0x12	0x78	0xc3	0x11	0x00
アドレス	0x40	0x41	0x41	x43	0x44	0x45	0x46	0x47	0x48	0x4b	0x4c	0x4d	0x4e	0x4f	0x50
データ	0xd0	0x08	0x38	x0a	0xf0	0x34	0x58	0x28	0x3a	0x09	0x00	0x40	0x20	0x80	0x80
アドレス	0x51	0x52	0x53	0x54	0x56	0x58	0x59	0x5a	0x5b	0x5c	0x5d	0x5e	0x69	0x6a	0x6b
データ	0x00	0x22	0x5e	0x80	0x40	0x9e	0x88	0x88	0x44	0x67	0x49	0x0e	0x00	0x40	0x0a
アドレス	0x6c	0x6d	0x6e	0x6f	0x70	0x71	0x72	0x73	0x74	0x75	0x76	0x77	0x78	0x79	0x8d
データ	0x0a	0x55	0x11	0x9f	0x3a	0x35	0x11	0xf1	0x10	0x05	0xe1	0x01	0x04	0x01	0x4f
アドレス	0x8e	0x8f	0x90	0x91	0x96	0x96	0x97	0x98	0x99	0x9a	0x9a	0x9b	0x9c	0x9d	0x9e
データ	0x00	0x00	0x00	0x00	0x00	0x00	0x30	0x20	0x30	0x00	0x84	0x29	0x03	0x4c	0x3f
アドレス	0xa2	0xa4	0xb0	0xb1	0xb2	0xb3	0xb8	0xc8	0xc9						
データ	0x52	0x88	0x84	0x0c	0x0e	0x82	0x0a	0xf0	0x60						

リスト1 ビデオ・カメラ・モジュールVCAMBに搭載している
カメラ・モジュールYA10052-9X9の初期化設定プログラム

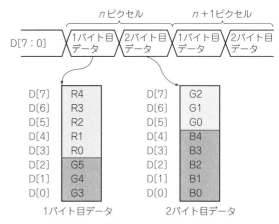

図16 OLEDの表示に使うRGB565フォーマット

す．ただし，オリジナルのOLEDのサンプルは，1ピクセルごとのインターフェースでありOLED表示がかなり遅いため，今回，横1ライン（128ピクセル×2バイト）分を一度にOLEDに表示するようにしました．

● 画像データのクロップ

ディスプレイに使用しているOLEDは128ピクセル×128ラインの画面サイズです．イメージ・センサOV7670の画面フォーマットにこのサイズのモードはありません．

そこで，画像データの一部分だけを切り出し（クロップし）てOLEDに表示します．クロップは，OV7670の機能でデータ出力のスタートとストップのポイントを指定して行うことも可能ですが，今回のサンプルではOV7670からはQVGAフォーマット（320×240）でフレーム・バッファに出力を行い，ビデオ・カメラ・モジュールVCAMBとしての機能でフレーム・バッファから必要な部分だけを読み出す方法でクロップを行います．

このクロップの方法は，フレーム・バッファからデータを読み出すとき，SPIライト・レジスタ命令で，各ラインごとに転送を開始するメモリ・アドレスを指

要がないので，より汎用的なソフトウェアを作れます．

READY信号がセットされると，ビデオ・カメラ・モジュールVCAMBからのフレーム・バッファへの画像データの上書きは停止するので，SPIリード・レジスタ命令で，カメラ・データ・レジスタからフレーム・バッファの読み出しを行うことができます．

1画面分のフレーム・バッファの読み出しが終了したら，SPIライト・レジスタ命令で制御データ・レジスタのフレーム・バッファ・リード要求ビットを0にするか，READ_RQ信号を1にすることで，カメラ・モジュールからフレーム・バッファへの画像データの書き込みが再開します．

● 画像データのOLEDへの表示

YA10052-9X9は，OLEDがサポートしているRGB565フォーマット（図16）を出力できるので，1ピクセル2バイトのデータをそのまま順次OLEDへ送ることでビデオ画像をOLEDに表示することができま

GPSから有機ELまで！ 3.4 cm角のモジュール・シリーズ MARY

MARYは，書籍「組み合わせ自在！超小型ARMマイコン基板」（CQ出版社）で企画・開発された3.4 cm角の機能モジュール群です．ZigBee無線モジュール XBeeやGPS，有機ELディスプレイなどを搭載したラインナップがそろっています（現在もmarutsuで購入可能）．

これらのモジュール群とマイコンは専用のインターフェースで接続します．本章で紹介したVCAMBは，YA10052-9X9の初期設定にI²Cを使用し，画像データの転送には高速なSPIを使用しました．

図17 フレーム・バッファに入っている320×240ピクセルの画像データから必要な部分だけ取り出す方法

表7 320×240ピクセルの中央128×128エリアを表示するときの設定データ

レジスタ名	アドレス	VGA
COM7	0x12	0x00
HSTART	0x17	0x33
HSTOP	0x18	0x43
HREF	0x32	0x00
VSTRT	0x19	0x2c
VSTOP	0x1a	0x4c
VREF	0x03	0x00
COM3	0x0c	0x00
COM14	0x3e	0x00
SCALING_XSC	0x70	0x3a
SCALING_YSC	0x71	0x35
SCALING_DCWCTR	0x72	0x11
SCALING_PCLK_DIV	0x73	0xf0
SCALING_PCLK_DELAY	0xa2	0x02

定することで，任意の位置から画像データを取り出します．フレーム・バッファにQVGAフォーマットでデータを格納した場合は，**図17**に示すように各ラインのデータは，ラインの長さの320バイトごとにメモリに格納されています．320バイトごとに画像データの必要な位置のアドレスをフレーム・バッファ・アドレスに設定してデータ転送することで，任意の位置，任意のサイズの画像データを得ることができます．

ここではQVGA画像データの真ん中の128×128をOLEDにクロップして表示するサンプルを作成しました．プログラムを**リスト2**に示します．

● カメラ・モジュールでの画像データのクロップ

イメージ・センサOV7670の機能で，画面一部分だけのデータを出力させることもできます．サンプルとして，VGAで128×128サイズの画像データを取り出す方法を試してみました．

画像データのクロップは転送開始アドレスと終了アドレスをOV7670のコマンドで設定します．**表7**にVGAの真ん中の128×128部分を取り出すときの設定値を示します．**写真4**にこのときの表示結果を示します．VGA以外のサイズのときも同様に可能なはずですが，試してみたところ正しく切り抜かれた画像データが得られませんでした．

ハードウェアの工夫で表示速度を上げる

現在の実験装置での動画の表示速度は4fps程度ですが，ハードウェア構成を変更すれば，約2倍にスピードアップできます．

製作した4fps出力のビデオ・カメラ・モジュールは，マザーボードにMAPLE-miniを使用していることから，1本のSPIインターフェースをVCAMBとOLEDで共用しています．このため，SPIインターフェースのデータ転送速度がボトルネックになり，最大4fpsにとどまっています．

トラ技ARMライタに搭載されているマイコン(LPC11U35)は2本のSPIインターフェースを備えています．**図C**に示すように，各SPIをVCAMBとOLEDのデータ転送に割り当てれば，並列なので高速に転送でき，動画表示速度が上がります．

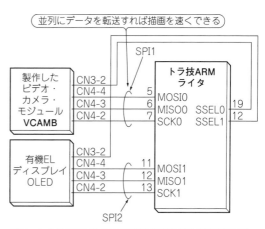

図C トラ技ARMライタの2組のSPIを使えば有機ELディスプレイの描画速度を2倍(約8fps)にできる

写真4 128×128部分だけを取り出して表示

リスト2 フレーム・バッファにある320×240ピクセルの画像データから中央の128×128ピクセルぶんを取り出すプログラム

```
Switch_spi(8, SPI_FAST, SPI_GENERIC);          ← VCAMB用にSPIのモードを設定
SPI_TxData(0x03,cam_slot);
SPI_TxData(0x01,cam_slot);                     ← フレーム・バッファ・
SPI_TxData(0x84,cam_slot);                       リード要求
while((SPI_RxData(0x84,cam_slot) & 0x01) == 0 );   ← READY＝1待ち
m_address = ((WIDE - 128) / 2)*2+WIDE*((HIGHT - 128) / 2)*2;
for(y = 0; y < 128; y += 2){                   ← 転送開始のフレーム・バ
        Switch_spi(8, SPI_FAST, SPI_GENERIC);      ッファのアドレスを計算
        SPI_TxData(0x00,cam_slot);
        SPI_TxData(m_address & 0xff,cam_slot);
        SPI_TxData(0x01,cam_slot);
        SPI_TxData((m_address >> 8) & 0xff,cam_slot);  ← 転送開始のフレーム・バ
        SPI_TxData(0x02,cam_slot);                       ッファのアドレスを設定
        SPI_TxData((m_address >> 16) & 0xff,cam_slot);
        m_address += WIDE*4;
        SPI_TxData(0xa8,cam_slot)              ← フレーム・バッファ
        for(x = 0; x < 128; x++){                 を読み出し
                buf[x] = (SPI_RxData(0xa8,cam_slot) << 8) | SPI_RxData(0xa8,cam_slot);
        }
        OLED_Put_Line(y, buf);                 ← OLEDに表示
}
Switch_spi(8, SPI_FAST, SPI_GENERIC);
SPI_TxData(0x03,cam_slot);                     ← フレーム・バッファ
SPI_TxData(0x00,cam_slot);                       リード要求を解除
SPI_TxData(0x84,cam_slot);
while((SPI_RxData(0x84,cam_slot) & 0x01) != 0 );   ← READY＝0待ち
```

WIDE：画面横ピクセル数
HIGTH：画面ライン数
cam_slot：VCAMBの実装スロット

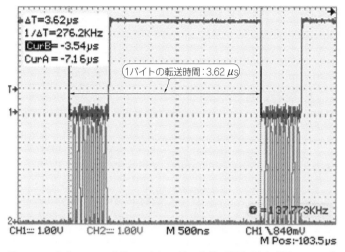

図18 ソフトウェアの工夫前…1バイトごとの転送の間隔が大きく開いていて効率よく転送が行われていない

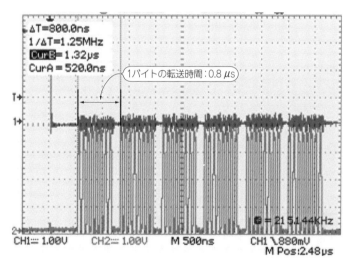

図19 ソフトウェアの変更後…FIFOとCSを上げ下げしないことで転送速度が4.5倍になった

ソフトウェアの工夫だけで表示速度を上げる

動画の表示速度は4 fps程度でした．SPIインターフェースを2本にすることでも高速化できますが，ここではハードウェアを変えずにSPIインターフェースの転送速度を上げる工夫を紹介します．

● 表示速度の高速化はSPIインターフェースの転送速度を上げるのが最も効果的

実験装置の動画表示に必要な時間は，234 msです(**図13**)．SPIインターフェースの転送時間はカメラからマイコン，マイコンから有機ELディスプレイ(OLED)の合計が188 msと全体処理の約8割を占めています．SPIインターフェースの転送を高速化できれば，表示速度を上げることができます．

カメラからマイコン，マイコンからOLEDへのデータ転送は，それぞれ，横128×縦128×2バイト×2回で約65 Kバイトの転送を行っています．したがって，平均転送速度は，65 Kバイト/0.188秒 = 349 Kバイト/sです．12 MHzクロックのSPIインターフェースにしては，約1/4の速度と，効率がよくありません．

原因を探るため，実際のカメラ・ボードから転送されるSPIインターフェースの波形を観測したものを図18に示します．1バイトごとの転送の間隔が大きく開いていて，効率よく転送が行われていないことがわかりました．

リスト3　マイコンのソフトウェアに二つの修正を加えて表示速度を高速化する

```
//=====================
// SPI Transfer Data
//=====================
//Long Transfer(over FIFO_PRELOAD_BYTE)
void SPI_LtxData(uint8_t *txdata, uint16_t len, uint8_t slot)
{
uint16_t n;
    uint8_t data;          ①256バイトごとに
                           CSを上げ下げする
    if (slot == 1){              //SLOT2
       LPC_GPIO->W0 [2] = 0;     //CS->0
       for(n = FIFO_PRELOAD_BYTE;n > 0;n--){
          LPC_SSP0->DR = *txdata++ | 0x100;
       }
       do{
          while (!(LPC_SSP0->SR & SSPSR_RNE));
          data = LPC_SSP0->DR;
                               ②FIFOにデー
if (n++ < len-FIFO_PRELOAD_BYTE)   タをプリ・
   LPC_SSP0->DR = *txdata ++ | 0x100;  ロードする
       }while(n < len);
       LPC_GPIO->W0 [2] = 1;    //CS->1
    }
}
```

● 4 fps から 10 fps に高速化できた

次二つの工夫でSPIインターフェースの転送効率を上げてみます．

①1バイトごとに上げ下げしていたCSを256バイトごとの上げ下げに変更

②マイコンのSPIハードウェアの送受信FIFOを活かし，マイコンのソフトウェアからSPIハードウェアへのデータのリード＆ライトとSPIインターフェースの転送を並行動作させる

ソフトウェアの主な変更部分をリスト3に示します．ソフトウェア変更後のSPIインターフェースを図19に示します．図18と比較し，FIFOとCSを上げ下げしないことで転送速度が4.5倍になっていることがわかります．

前述のとおり，SPIインターフェースの転送効率が表示速度(fps)に寄与するのは，全体処理の約8割です．したがって，表示速度は次の計算のとおりです．

$$4\ \mathrm{fps} \times \frac{1}{0.2 + \frac{0.8}{4.5}} \fallingdotseq 約10\ \mathrm{fps}$$

本書の付属CD-ROMに収録したサンプル・プログラムには，リスト3の変更に加えてフレーム速度とSPIインターフェースの転送速度を表示する機能も追加しました．

◆参考文献◆
(1) 圓山 宗智；組み合わせ自在超小型ARMマイコン基板，CQ出版社．
(2) LPC11U35 User Manual，NXPセミコンダクターズ．

Appendix2

パソコンで搭載マイコンの入出力端子を自在に操縦
付属基板「トラ技ARMライタ」で作る USB-UART変換アダプタ

つないでドラッグ&ドロップ!

トラ技ARMライタに搭載されているLPC11U35マイコンは，USBインターフェース回路とUART回路を内蔵しているので，USBをUARTに変換するファームウェアを書き込めば，USB-UART通信モジュールに変身します．あとはトラ技ARMライタとパソコンと間でデータをやり取りすればLPC11U35の入出力端子をパソコンで操作できます．

USB-UART変換ファームウェアが書き込まれたLPC11U35マイコンは，CDC(Communication Device Class)と呼ばれるUSBデバイスとしてふるまい，パソコンからはLPC11U35が仮想COMポートに見えます．

● USB-UART変換ファームウェアの書き込み方法

トラ技ARMライタは，次の使用条件においてUSBメモリとして認識されます(図1)．
- プログラムが何も書き込まれていないとき(初めて使う場合)
- 基板上のISPスイッチを押しながらUSBケーブルを接続したとき

上記以外の場合で，すでにUSBケーブルが基板に接続されているときは，次の操作を行えば，トラ技ARMライタはUSBメモリとして認識されます．
(1) RESETスイッチとISPスイッチを両方押す
(2) RESETスイッチを最初に離す
(3) 最後にISPスイッチを離す(すべて離す)

USBメモリとして認識されたら，firmware.binファイルを削除して，付属CD-ROMに収録されている(トランジスタ技術のホームページでも公開中)USB-UART変換用ファームウェア(LPC11U35_USBCDC.bin)をドラッグ&ドロップでコピーします．

● パソコンにドライバ・ソフトウェアをインストールする

トラ技ARMライタ上のRESETスイッチを押してファームウェアを起動します．続いて，パソコンにドライバ・ソフトウェアをインストールします．

図2に示すようなエラー・メッセージがWindows画面下のタスク・バーに表示されたときは，パソコン

図1 トラ技ARMライタはISPモードで起動するとUSBメモリとして認識される
binファイルを書き込むと，プログラムを書き込んだことになる

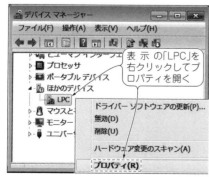

図3 CDC用ファームを書き込んでから繋ぎ直すと，デバイス・マネージャに「ほかのデバイス」として表示される

図2 ドライバ・ソフトウェアのインストールに失敗したときに表示されるエラー・メッセージ
図3〜図5の作業をして解決する

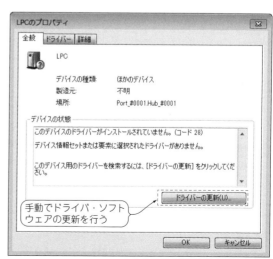

図4 LPCのプロパティからドライバ・ソフトウェアの更新を行う

図5 ドライバ・ソフトウェアを指定してインストールする
この例では，Windows7 32ビット版のドライバ・ソフトウェアを指定している

図6 ドライバ・ソフトウェアが更新されてトラ技ARMライタがUSB-UART通信モジュールとして認識される

▶図7 トラ技ARMライタをUART通信モジュールとして使用した回路の例

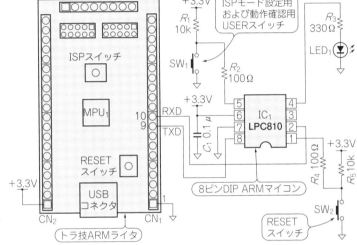

写真1 図7の回路を実際に作ったようす

がトラ技ARMライタを認識していない証拠です．Windowsのデバイス・マネージャを開いて，認識させる作業をします．

図3に示すように，デバイス・マネージャの［ほかのデバイス］の中にある［LPC］を右クリックして，プロパティ（図4）から手動でドライバ・ソフトウェアを更新します．ドライバ・ソフトウェアは，次の二つが付属CD-ROMに収録されています．

- WindowsXP/Windows7 32ビット版：WinXP_WIN7_32フォルダ内のlpc11Uxx-vcom.win32.infを指定します（図5）
- Windows7 64ビット版：Win7_64フォルダ内のlpc11Uxx-vcom_win7_64bit.infを指定します

作業の途中で，Windowsセキュリティの警告メッセージが出ても，そのままインストールを続けます．ドライバ・ソフトウェアが正常に更新されると，「LPC11Uxx USB VCom Port（COMx）」という表示が出て認識が完了します．

ここでCOMポート番号をメモしておきます（図6）．

● 動かしてみる

USBシリアル・ブリッジ・モジュールMPL2303SAの代替として，トラ技ARMライタを使います．

例として図7に示すように，トラ技ARMライタと8ピンDIP ARMマイコンLPC810のUARTを配線します．LPC810マイコンにはISPモード設定用および動作確認用のUSERスイッチSW_1とRESETスイッチSW_2を接続し，動作確認用のLED$_1$を接続します．

▶Flash Magicを使ってプログラムをLPC810マイコンに書き込む

ARMソフトウェア書き込みツール（Flash Magic）を用いて，LPC810マイコンをISPモードに移行させて，Lチカ・プログラムを書き込みます．USERスイッチ（SW_1）を押すとLED$_1$が点灯します（写真1）．

これだけの作業でUSB-UART通信の成功を確認できます．〈島田 義人〉

第3部
デバッガ活用編

全Cortex-M対応！

どこのメーカ製でもデバッグできる！

第10章 マイコンの中身が手に取るように見えてくる

時間よ止まれ！

プログラムの間違い発見器「デバッガ」を作る

内藤 竜治 Ryuji Naitou

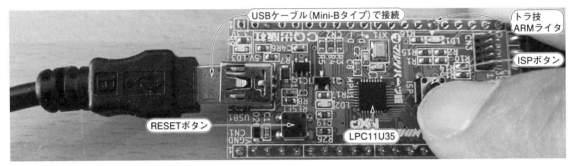

写真1 まずトラ技ARMライタのISPボタンを押しながらUSBケーブルを接続する
またはUSBケーブルをつないだ状態で，ISPボタンを押しながらRESETボタンを押す

● USB-JTAG変換ファームウェアを書き込むだけ

トラ技ARMライタは，ARM Cortex-Mシリーズに対応したデバッガとしても利用できます．図1に示すように，LPC11U35マイコンはUSB通信機能をもっているので，USB-JTAG変換機能をもったファームウェアを書き込めば，USBとJTAGを仲介できます．物理的にはSWDというJTAGインターフェースの2線版を使います．USBとJTAGとのプロトコルの変換には，CMSIS-DAP(Cortex Microcontroller Software Interface Standard Debug Access Port，シーエムシス・ダップ)を利用します．CMSIS-DAPは，Cortex-Mマイコンのデバッグのための規格です．Cortex-Mマイコンであれば，どこのメーカのものでも使えます．

● 8ピンDIP ARMマイコンLPC810をターゲットにする

本章では，トラ技ARMライタに搭載されたLPC11U35マイコンにCMSIS-DAPを書き込んで，デバッガを作り，8ピンDIP ARMマイコンLPC810をデバッグします．

STEP1：USB-JTAG 変換ファームウェアを書き込む

● 部材やパソコンの準備

次の3点を準備します．

(1) Windows XP/Vista/7/8がインストールされたパソコン
(2) コネクタやスイッチ類のはんだ付けを終えた付属基板「トラ技ARMライタ」
(3) Mini-BタイプのUSBケーブル

準備が終わったら，トラ技ARMライタのISPボタンを押しながら，パソコンとUSBケーブルで接続します(写真1)．またはUSBケーブルをつないだ状態で，ISPボタンを押しながらRESETボタンを押してもかまいません．

図1 トラ技ARMライタにUSB-JTAG変換プログラムを書き込む
LPC11U35はCMSIS-DAP規格に従ってUSBとSWD(2線式のJTAG)の変換を行う

図2 トラ技ARMライタがUSBマスストレージとして認識される
中にはfirmware.binが入っているかもしれないが消しても構わない

すると，基板上の青色のLEDだけが点灯して他のLEDは消灯します．何秒かたつと，パソコンがトラ技ARMライタをUSBマスストレージとして認識し，図2のようにフォルダ内容が表示されます．

● **firmware.binを書き込む**

付属CD-ROMに収録された「第10章」フォルダの中にあるファームウェア「firmware.bin」をコピーし，図2に示したフォルダにペーストすることで，トラ技ARMライタ上のLPC11U35に書き込むことができます．図2に示したフォルダの中に，すでにfirmware.binというファイルがある場合，Windows XPでは上書き，Windows7/8ではいったん消してからコピー＆ペーストしてください．

firmware.binのサイズは19Kバイトほどです．図2に示したフォルダの中に入ると64Kバイトほどのサイズになりますが，間違いではありません．

firmware.binをコピーしたら，ISPスイッチを離した状態でUSBケーブルを抜き差しして再度電源ONするか，USBケーブルを挿したままRESETボタンを押します．すると，トラ技ARMライタ上の緑と赤のLEDが2秒くらい点灯し，消灯します．

＊

以上の作業で，トラ技ARMライタが，ARMデバッガ（CMSIS-DAPアダプタ）になります．

トラ技ARMライタを初めてパソコンに接続したときは，図3のような画面が出てデバイス・ドライバのインストールが始まります．CMSIS-DAPデバッガにデバイス・ドライバは不要なので，しばらく待つと自動的に使えるようになります．2回目以降はインストール画面が出なくなります．

● **デバッガとして使えるか確認する**

ファームウェアが正しく書き込めたかどうか確認したい場合は，「デバイス マネージャー」で確認します．図4のように，「HID 準拠ベンダー定義デバイス」というものが表示されます．CMSIS-DAPのアダプタは「ヒューマン インターフェイス デバイス」というカテゴリの中に入っていますが，マウスなども含まれる上にアイコンでは区別できません．一つ一つ開いて詳細情報を確認し，図5のように，VID = 0D28，PID = 0019，REV = 0100というものが見つかれば，問題ありません．

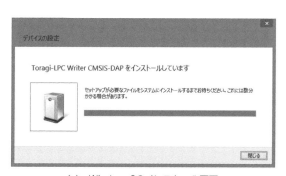

(a) Windows8のインストール画面

(b) Windows7のインストール画面

図3 デバイス・ドライバのインストール画面はWindowsのバージョンで異なる

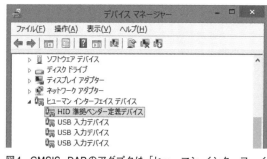

図4 CMSIS-DAPのアダプタは「ヒューマン インターフェイス デバイス」の中に入っている

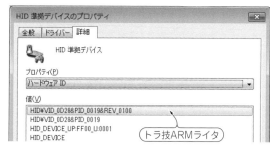

図5 デバイスマネージャでHIDデバイスのプロパティを確認
VID = 0D28，PID = 0019，REV = 0100のデバイスがトラ技ARMライタだ

STEP2：トラ技ARMライタに ターゲット・マイコンをつなぐ

● 8ピンDIP ARMマイコンLPC810をターゲットにして実験

トラ技ARMライタに，LPC810マイコンをつなぎます．デバッグされる側のマイコンをここではターゲットと呼びます．ターゲットとの接続にはトラ技ARMライタのコネクタCN_4またはCN_5を使います．

どちらを使ってもかまいませんが，ここではCN_5を使います．CN_4の使い方はコラム（p.151）を参照してください．コネクタCN_3はLPC11U35自体をデバッグするためのものであり，今回は使いません．

コネクタCN_4とCN_5のピン配置は図6のとおりです．LPC810マイコンのピン配置は図7のようになっています．ブレッドボードなどを用意してLPC810マイコンとトラ技ARMライタを図8のようにつないでください．必要な配線は，V_{CC}，SWDIO，SWCLK，NRESET，GNDの5本です．ブレッドボードにはLPC810マイコンを直接挿すのではなく，8ピンのICソケットを利用して抜き差しできるようにしておくとよいでしょう．

筆者はブレッドボードではなくユニバーサル基板で，写真2のように作りました．6番ピンと7番ピンの間には0.1 μFの積層セラミック・コンデンサを接続し，8番ピンから150 Ωの抵抗を介してLEDをつなぎました．

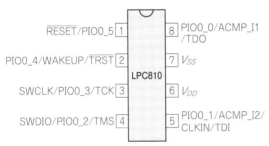

図6　トラ技ARMライタのコネクタCN_4とCN_5のピン配置

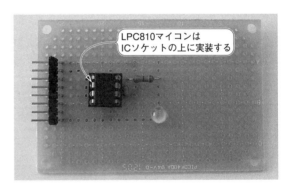

図7　8ピンDIP ARMマイコンLPC810のピン配置を確認する

STEP3：電源電圧を確認する

LPC810マイコンをソケットに挿す前に電源を入れて，V_{DD}とGND端子間（図8の6番と7番ピン）の電圧が3.3 Vになっていることをテスタやオシロスコープで確認してください．負電圧になっていたり，電圧値

写真2　ユニバーサル基板の上に組み立てたようす
8ピンDIP ARMマイコンLPC810の実装には，8ピンのICソケットを利用する

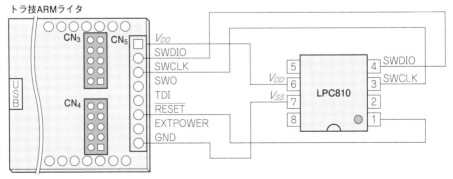

図8　トラ技ARMライタと8ピンDIP ARMマイコンLPC810の接続
SWO，TDI，EXTPOWERは未接続でよい．V_{DD}とV_{SS}の間には0.1 μFのコンデンサを入れよう

が誤っていると，LPC810マイコンが壊れます．念には念を入れて確認しましょう．

確認が終わったら，いったんUSBケーブルを抜いて電源をOFFします．LPC810マイコンをソケットに挿入して再びUSBケーブルをつなぎます．LPC810マイコンをソケットに抜き差しするときは必ず，電源をOFFしましょう．

STEP4：パソコン側の開発ツール LPCXpressoでデバッグ用プロジェクトを作る

パソコン側の開発ツールは，LPCXpressoを使います．LPCXpressoは，NXPセミコンダクターズのウェブサイトからダウンロードできます．本書の付属CD-ROMにも収録されています．

トラ技ARMライタでデバッガの動作を確かめるには，簡単なプロジェクトを作って実際にデバッグする必要があります．このステップではひな形となるプロジェクトをNXPセミコンダクターズのウェブサイトからダウンロードしてコンパイルし，デバッガを通じて書き込みます．開発ツールにMDK-ARMを使う場合はSTEP5へ進んでください．

● LPCXpressoをセットアップする
▶ダウンロードする

インターネット・ブラウザで次のウェブサイトにアクセスします．

http://www.lpcware.com/lpcxpresso/downloads/windows

図9に示すLPCXpresso Windows Installerと書かれたページが表示されたら「Download the previous release(6.1.0)of LPCXpresso for Windows(HTTP from external site)」をクリックしてLPCXpressoをダウンロードします．執筆時点での最新版はバージョン6.1.2です．本章ではあえてバージョン6.1.0を使います．どちらでも大丈夫です．

もう一つのデバッグ用コネクタ CN_4

トラ技ARMライタのコネクタCN_4は，LPC11U35をARMデバッガ（CMSIS-DAPアダプタ）として機能させ，他のCortex-Mマイコンをデバッグするときに使います．

コネクタCN_4から10ピンのフラット・ケーブルを伸ばして，ターゲットと接続します．トラ技ARMライタの基板上に「1」と書かれたほうをフラット・ケーブルの赤い線に合わせます．写真Aに示すのは，トラ技ARMライタとNXPセミコンダクターズの純正デバッガLPC-Link2をつないだところです．

〈内藤 竜治〉

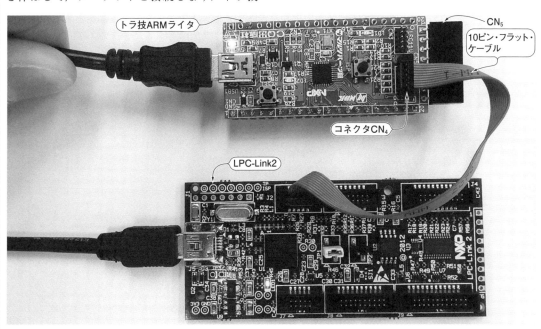

写真A　トラ技ARMライタでLPC-Link2をデバッグ中（CN_4を使用）

図9 LPCXpressoのRelease 6.1.0をダウンロードする

ダウンロードの次はインストールです．LPCXpressoを起動したら，アクティベーションを行います．

▶サンプル・プロジェクト集をダウンロードする

インターネット・ブラウザで次のウェブサイトにアクセスします．

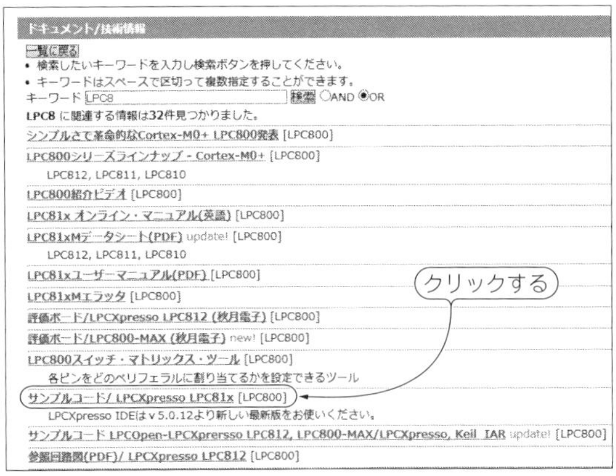

http://www.nxp‐lpc.com/lpc_micon/cortex‐m0+/lpc800/

「ドキュメント/技術情報」の中から，図10に示す「サンプルコード/ LPCXpresso LPC81x [LPC800]」をクリックし，ダウンロード・ページに移動します．図11に示す「LPC800 LPCXpresso Examples V1.03.zip」をクリックしてサンプル・プロジェクト集をダウンロードします．図12のように，ダウンロードしたzipファイルの中にはたくさんのプロジェクトが入っていますが必要なものは次の三つです．

- Blinky
- CMSIS_CORE_LPC8xx
- lpc800_driver_lib

● サンプル・プロジェクトをLPCXpressoに読み込む

LPCXpressoのメイン画面左下には図13に示す

図11 サンプル・プロジェクト集をダウンロードする

図10 サンプル・プロジェクト集のダウンロード・ページに移動する

図12 サンプル・プロジェクト集「LPC800 LPCXpresso Examples V1.03.zip」の中身
たくさんのサンプル・プロジェクトがあるが，使うのは「Blinky」，「CMSIS_CORE_LPC8xx」，「lpc800_driver_lib」の三つ

図13 Quickstart Panelからサンプル・プロジェクトを読み込める

Quickstart Panelというものがあります．Import project(s)をクリックすると，図14に示すダイアログが表示されます．ここで「Archive」と書かれた空欄にダウンロードした「LPC800 LPCXpresso Examples V1.03.zip」を指定します．次の画面では，すべてのチェック・ボックスがマークされていますが，図15に示すようにBlinky，CMSIS_CORE_LPC8XX，lpc800_driver_libだけ残して，ほかのチェックをOFFにします．[Finish]ボタンを押すと，必要なプロジェクトだけが取り込まれます．次に図16に示すプロジェクト・ツリーでBlinkyをクリックして選び，QuickstartPanelのEdit 'Blinky' project settingsをクリックします．図17に示すPropertys for Blinkyと書かれたダイアログが開くので，C/C++ Buildの中にあるMCU Settingsをクリックし，「Target」と書かれたマイコンの設定画面を開きます．デフォルトではLPC812に設定されているので，必ずLPC810に変更しましょう．

● デバッガを起動する

メイン画面に戻り，Quickstart PanelからBuild all projects [Debug]を行います．次に，虫の絵のアイコンが付いたDebug 'Blinky' [Debug]をクリックします．図18に示す画面が出て，「Toragi-LPC Writer CMSIS-DAP」と表示されます．トラ技ARMライタがデバッガとして認識されたということです．

[OK]を押すと，メイン画面右下のConsoleと書かれた場所に「Writing 2572 bytes to 0000 in Flash」というメッセージが出力されます．数秒待つと，Flash write Done, Stoppedと表示されます（図19）．

エラーが出た場合は，コラム(p.154)を参考にして対処してください．

● あれ？プログラムが正しく動かない

BlinkyプロジェクトはLPC812マイコンの評価ボードであるLPC810MAX用に作られているので，LPC810マイコンでは正しく動きません．ツール・バーにある

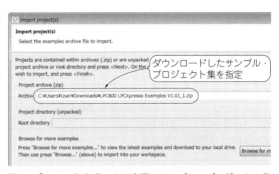

図14 「Archive」と書かれた空欄にサンプル・プロジェクト集のパスを指定する

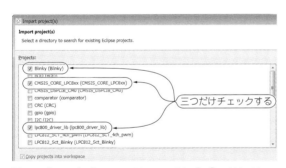

図15 「Blinky」，「CMSIS_CORE_LPC8xx」，「lpc800_driver_lib」だけチェックする

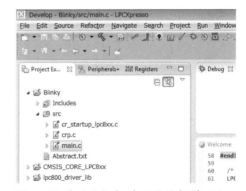

図16 インポートしたプロジェクトがプロジェクト・ツリーに表示される

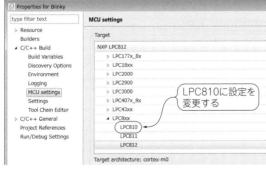

図17 ターゲットの設定がLPC812になっているので，LPC810に変更する

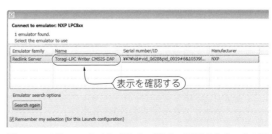

図18 トラ技ARMライタがデバッガとして認識されたことを確認する

図19 Consoleに表示されたメッセージを確認する

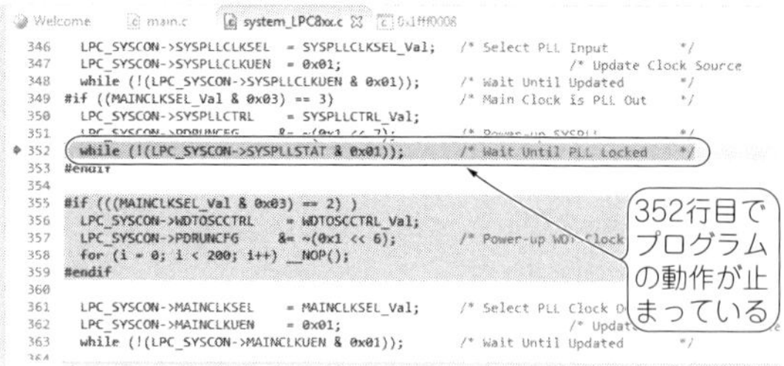

図20 プログラムが正しく動かない原因を調べる
main関数に到達する前のスタートアップ・プログラムでプログラムの動作が止まっている

［Suspend］ボタンを押すと，**図20**に示す画面が出て，system_LPC8xx.cの352行目で，プログラムの動作が止まっていることがわかります．これは，main関数に到達する前のスタートアップ・プログラムでプログラムの動作が止まったことを表しています．

printf関数やLEDチカチカを使ったデバッグは，正常にプログラムが実行されていないと，動作を確認できません．スタートアップ中に止まってしまった状態でもデバッグできるのは，JTAG/SWDを使ったデバッグならではのメリットといえるでしょう．

STEP5：プログラムを修正する

● 修正1：発振器を変える

BlinkyプロジェクトをLPC810マイコンで動かすには修正が必要です．CMSIS_CORE_LPC8xxプロジェクトのsrcフォルダの中にあるsystem_LPC8xx.cを開き，107行目を次のように修正します．

▶ 修 正 前：#define SYSPLLCLKSEL_Val 0x00000001 // Reset:0x000
▶ 修 正 後：#define SYSPLLCLKSEL_Val 0x00000000 // Reset:0x000

この修正で，LPC810マイコンのシステムPLLのクロック源を変更できます．デフォルトでは，水晶振動子で発振させるSystem Oscillator(0x00000001)の設定になっていますが，LPC810マイコンに内蔵された発振器(CRオシレータ)を使うため，IRC Oscillator(0x00000000)に変更しました．IRCとは内蔵CR発振器(12 MHz，精度1 %)のことです．

● 修正2：LEDにつながる端子PORT0.0を出力に設定する

Blinkyプロジェクトのsrcフォルダの中にあるmain.cを開き，64行目付近を次のように修正します．

修正前：GPIOSetDir(0, 7, 1);
修正後：GPIOSetDir(0, 0, 1);

LPC810マイコンのPORT0.0(8番ピン)からLEDチカチカの信号を得るために，このピンを出力に設定します．

● 修正3：PIO0_0からLEDチカチカ駆動信号を出力

79行目と83行目を次のように修正します．

79行目修正前：GPIOSetBitValue(0, 7, 0)
79行目修正後：GPIOSetBitValue(0, 0, 0)
83行目修正前：GPIOSetBitValue(0, 7, 1)
83行目修正後：GPIOSetBitValue(0, 0, 1)

これでPIO0_7ではなくPIO0_0からLEDチカチカ信号が出力されます．

原因不明のエラー・メッセージ「Failed on connect：Ee(37)．…」

図17でターゲットの設定をLPC812のまま変更しないと，コンソールに次のエラー・メッセージが表示されます．

Failed on connect：Ee(37). Priority 0 connection to this core already taken.
No connection to emulator device

エラーの原因をインターネットで調べると，

● 電源が入っていない
● 読み出しプロテクトがかかっている

などの情報がヒットしました．しかし，私の環境では，ターゲットが違っている場合に出ることがわかりました．LPCXpressoでプロジェクトを開くたびに，ターゲットの設定がLPC812に戻るので，毎回LPC810に設定しなおさなければなりません．　〈内藤 竜治〉

87行目以降のGPIOSetBitValue(0, 16, 0);など，PORT0.16やPORT0.17の設定はそのまま放っておいてかまいません．

● 再びプログラムを書き込む

修正後にBlinkyプロジェクトをビルドして，デバッガを起動すると，**図21**に示すようにmain関数の先頭にあるSystemCoreClockUpdate()と書かれた行で，プログラムの動作が止まります．**図20**ではスタートアップで止まっていましたが，今回はmain関数の最初の行で止まりました．

ツール・バーの開始ボタンを押すと，プログラムの実行が開始され，LPC810マイコンの8番ピンからパルス信号が出力されます．LEDをつないでおけばチカチカします．

図21 プログラムの修正により，main関数の先頭まで実行された

デバッガ機能のいろいろ

プログラムの実行中に［Suspend］ボタンを押すと，任意のタイミングでマイコンの動作を一時的に止めることができます．停止中にソース・コード上の変数にカーソルを合わせると，**図A**に示すように値を読むことができます．また，直接編集して値を書き換えることもできます．

ソース・コードの行番号をダブルクリックすると，ブレーク・ポイントを仕掛けることができます．ブレーク・ポイントとは，プログラムの実行を任意の行で停止させる機能です．

ツール・バーの［Step Return］ボタンを押すと，関数を抜けるところまでプログラムを実行します．［Step Over］ボタンを押すと，関数の中を調べずに1行ずつ実行します．［Step Inter］ボタンを押すと，関数の中に入って1行ずつ実行します．［Terminate］ボタンを押すとデバッガが終了します．

図Bに示すように，メイン画面右上の［Develop］ボタンを［Debug］に切り替えると，内蔵レジスタやペリフェラルの状態を見ることができます．

デバッガはいろいろな機能を備えていますが，まずはプログラムのダウンロード，停止，再開，変数のウォッチ，ステップ実行ができれば十分でしょう．

〈内藤 竜治〉

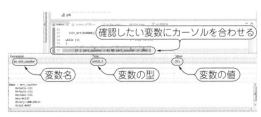

図A 確認したい変数にカーソルを合わせると値が表示される

図B DevelopからDebugに切り替える
内蔵レジスタやペリフェラルの状態を見ることができる

トラ技ARMライタはARMマイコンLPCシリーズの純正デバッガとピン配置互換

ARMマイコンLPCシリーズ（NXPセミコンダクターズ）にプログラムを書き込んだり，デバッグしたりするには純正デバッガLPC-Link2または，LPC-Link2とピン配置が互換のトラ技ARMライタが使えます．ここでは，8ピンDIP ARMマイコンLPC810を例に二つのデバッガの使い方を紹介します．

(1) NXPセミコンダクターズ社の純正デバッガLPC-Link2（写真B）

NXPセミコンダクターズ社純正のデバッガLPC-Link2と実験用プリント基板の接続部の信号の数は9です．表Aに接続ピンの内訳を示します．

実際に使用するピンは，電源の(1)VIO_3V3，(8)GND，SWD：Serial Wire Debug用の(2)JTAG_TMS_SWDIO，(3)JTAG_TCK_SWCLKです．LPC-Link2上のJP$_1$はオープン，JP$_2$はショートにして使います．

(2) 本書に付属するトラ技ARMライタ（写真C）

あらかじめトラ技ARMライタ用のファームウェアを書き込んでおく必要があります．使い方はLPC-Link2とまったく同じです．

〈小野寺 康幸〉

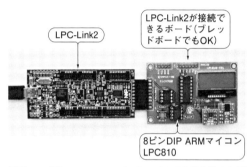

写真B　8ピンDIP ARMマイコンLPC810の書き込みとデバッグ①…NXPセミコンダクターズ社の純正デバッガLPC-Link2を使う

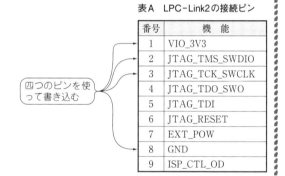

表A　LPC-Link2の接続ピン

番号	機能
1	VIO_3V3
2	JTAG_TMS_SWDIO
3	JTAG_TCK_SWCLK
4	JTAG_TDO_SWO
5	JTAG_TDI
6	JTAG_RESET
7	EXT_POW
8	GND
9	ISP_CTL_OD

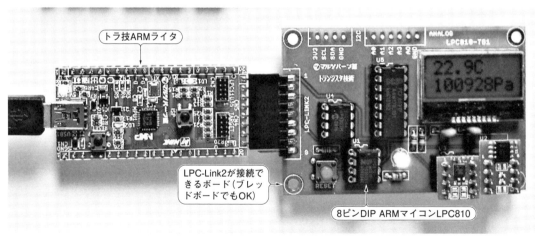

写真C　8ピンDIP ARMマイコンLPC810の書き込みとデバッグ②…本書の付属基板「トラ技ARMライタ」を使う

第11章 NXP/ST/フリースケール…なんでも来い！ 全Cortex-M系ARMマイコン対応

開発ツールMDK-ARMで作る最強デバッグ環境

大丈夫！自分で作れる

内藤 竜治 Ryuji Naitou

本書に付属しているトラ技ARMライタは，ARMが標準化したCMSIS-DAPというUSB-JTAGデバッグの仕組みを使っているので，Cortex-Mを搭載したARMマイコンならどれでもデバッグできます．

専用にチューニングしたCMSIS-DAPファームウェアを書き込んだトラ技ARMライタはさまざまなメーカのCortex-M系ARMマイコンに対応します．ARM社（旧Keil社）のARMマイコン開発ツール MDK-ARMはさまざまなメーカのCPUに対応した統合開発環境なので，トラ技ARMライタと組み合わせれば，メーカを限定しない開発環境とデバッグ環境を構築できます．

ただし，Cortex-Aには対応していません．Raspberry PiやZYNQ（ザイリンクス社のFPGA）につないでもダメです．そこまでは期待しないでください．MDK-ARMは，もともとKeil社の製品でしたが，現在はARM社に買収されて純正の開発環境になっています．

本章では，STマイクロエレクトロニクス社やフリースケール・セミコンダクタなどNXPセミコンダクターズ以外のARM Cortex-Mマイコンをデバッグできるかどうかを確かめます．

- STM32F3Discovery（STマイクロエレクトロニクス）
- FRDM-KL25Z（フリースケール・セミコンダクタ）

の2種類の評価ボードで試してみました．

MDK-ARMをインストールする

● 一番気軽に使えるLite版をダウンロードする

NXPセミコンダクターズの開発ツール LPCXpressoでは，各社のCortex-M ARMマイコンをデバッグすることができません．MDK-ARMという開発ツールを使います．

MDK-ARMは，次のURLからダウンロードできます．本章執筆時点での最新版は5.01でしたので，MDK501.exeをダウンロードしました．

```
https://www.keil.com/demo/eval/
arm.htm
```

MDK-ARMには，

- MDK-Lite
- MDK-Basic
- MDK-Standard
- MDK-Professional

の四つのエディションがあります．MDK-Liteエディションは，シリアル番号やライセンスキーが不要で，無料で使うことができます．シリアル番号を入力すれば，他のMDK-ARMのエディションになります．ということは，インストールした直後のシリアル番号の入っていない状態がMDK-Liteです．

MDK-Liteは無料で使えるのですが，生成したオブジェクトのサイズが32Kバイト以下という制限があります．また，MDK-ARMにあるTCP/IPやUSBなどのミドルウェアが使えません．しかし，本章ではデバッガの動作を確認するだけなのでこれで十分です．

● インストールする

インストールを行うと，途中でPack Installerという画面が出ます（図1）．これは，マイコンの情報やどのライブラリをインストールするかを選ぶものですが，

図1 どのデバイス情報やライブラリをインストールするかを選択する Pack Installer
ARM：CMSISは必須．LPC800の開発をするならKeil：LPC800_DFPも必要．STM32F3xs_DFP，Kinetis::KSxx_DFPも入れておこう

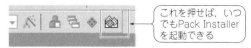

図2 Pack Installerを後から起動するためのボタン

細かいことは気にせずに全部を入れておけばよいと思います.

インストール中にPack Installerを飛ばして進んでしまったり,追加でインストールしたいものが出てきた場合は,MDK-ARMを起動した後,図2のボタンを押してください.

ターゲット1:STマイクロエレクトロニクスのマイコン・ボード「STM32F3Discovery」

● トラ技ARMライタとつなぐ

STM32F3Discoveryは,Cortex-M3のSTM32F303VCT6というマイコンを搭載したボードです.写真1に示すように,SWDと書かれたコネクタ(CN_3)にトラ技ARMライタをつなぎます.このコネクタのピン配置は,2-SWCLK,3-GND,4-SWDIO,5-NERSETです.

STMボードの電源は,USB USERと書かれたUSBコネクタからとります.また,ST-LINK DISCOVERYと書かれたジャンパ(CN_4)は,両方ともショートしておきます.

● MDK-ARMでプロジェクトを作る

デバッガの動作を確認するのが目的なので,最小限のプロジェクトを作ります.MDK-ARMを起動したら,メイン・メニューから[Project]-[New μVision Project]を行い,適当なフォルダを作成して,その中にプロジェクト・ファイルを作ります.ここでは,stm32f3d.uprojというファイル名にしておきました.

プロジェクトを作ると,図3のような「Select Device for Target 'Target1'」という名前のダイアログが開き,使うCPUを選ぶ画面になります.そこで,[STMicroelectronics-STM32F03 Series-STM32F303-STM32F303VC]を選びます.

次の画面(図4)で,使うライブラリを選びます.ここでは,CMSIS-COREとDeviceのStartupをチェッ

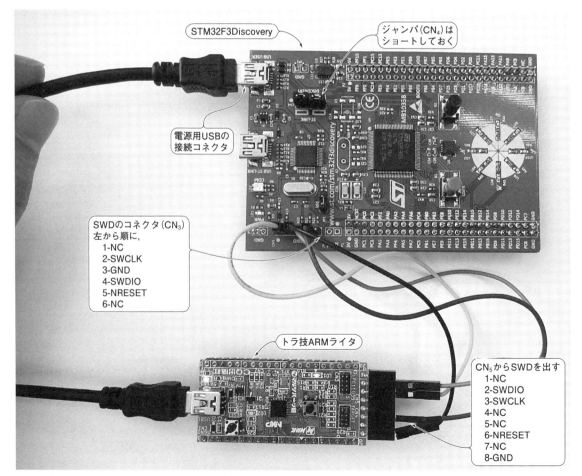

写真1 STM32F3Discoveryボードとトラ技ARMライタとの接続

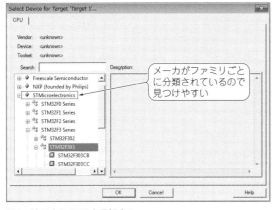

図3 使用するCPUを選択する
[STMicroelectronics-STM32F3 Series-STM32F303-STM32F303VC]を選択する

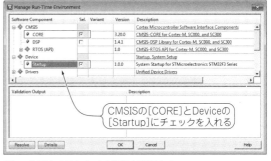

図4 使用するランタイム環境を選択する

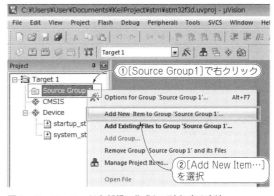

図5 ソース・コードを新規に作成して追加する方法

クして[OK]を押します.

メインの画面に戻ったら,[Target1]を開き,[Source Group1]を右クリックします.出てきたメニューの中から[Add New Item to Group 'Source Group 1']を選びます(**図5**).

どのような種類のファイルを作るかを選ぶ画面になるので,Cを選び,ファイル名をmain.cなど適当に設定します.メインの画面に戻ると,真っ白なエディタの画面が現れるので,ここにC言語で適当なプログラムを書きます.

本章の目的は,デバッガの動作を確認することなので,**リスト1**のような単純なものにしました.GPIOも何も使わずに,LEDチカチカすらしません.デバッガを通じてカウント・アップする変数の値を読み出すだけのものです.

● プロジェクトのビルド

メイン・メニューから[Project]-[Build Target]を起動するか,ビルド・ボタンを押すとプロジェクトがビルドされます(**図6**).MDK-Liteの場合は,32Kバイトに制限されている旨のメッセージが出ますが,ビルド結果を見ると,

```
Program Size: Code=840 RO-data=424
RW-data=20 ZI-data=1636
```

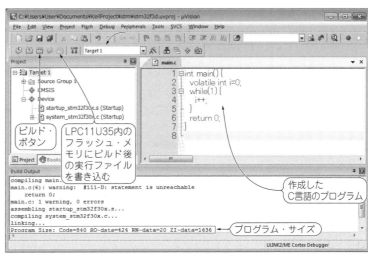

リスト1 デバッガの動作確認用のプログラム

```
int main() {
  volatile int i=0;
  while(1) {
    i++;
  }
  return 0;
}
```

図6 プロジェクトのビルド結果

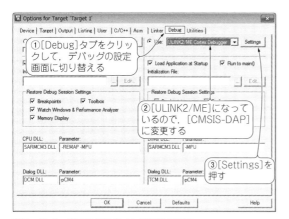

図7 デバッグに使うアダプタの種類の選択

図8 デバッグに使うアダプタの詳細設定

図9 SWDに切り替わるとターゲット・マイコンが検出される

図10 デバッガを起動してmain()関数のデバッグをしているようす

だったので,まだまだ大丈夫なようです.

● デバッガの設定

メイン・メニューから[Flash]-[Configure Flash Tools]を起動します.

Options for Target 'Target1'というダイアログが出るので,[Debug]タブを開きます(図7).[Use]と書かれたラジオ・ボタンの右にデバッグ・アダプタを選ぶ場所がありますが,ここが[ULINK2/ME]になっているので,[CMSIS-DAP Debugger]に変更して[Settings]を押します.すると,Cortex-M Target Driver Setupというダイアログ(図8)が出て,[Toragi-LPC Writer…]と表示されていると思います.

これでデバッガは認識されたのですが,ターゲットがまだ認識されていません."Port:"と書かれた場所がJTAGになっているので,SWに変更します.写真1をみてわかるとおり,2本線のSWDでつないでいるので,SWDにするのが正解です.ここを変更すると,SWD/JTAG Communication Failureとなっていた欄にIDCODEとデバイス名が表示されました(図9).

[OK]を押してメイン画面に戻ったら,メイン・メニューから[Debug]-[Start/Stop Debug Session]を実行します.すると,プログラムがフラッシュROMにロードされ,デバッガが起動してmain()の先頭で停止します(図10).あとはステップ実行をしたり,変数の値やレジスタの値を読んだり自由自在に操作します.

▶途中までうまくいくのにエラーになってしまうときは

NRESETの配線を確認してください.NRESETの配線が正しくつながっていなくても,それなりにIDCODEなどが認識されてしまいます.しかし,最後まで処理が進まず,フラッシュROMの書き込みあたりでエラーになります.

ターゲット2:フリースケール・セミコンダクタのマイコン・ボード「MKL25Z128VLK4」

FRDM-KL25Zは,フリースケール・セミコンダクタのMKL25Z128VLK4(Cortex-M0+コア)を搭載した

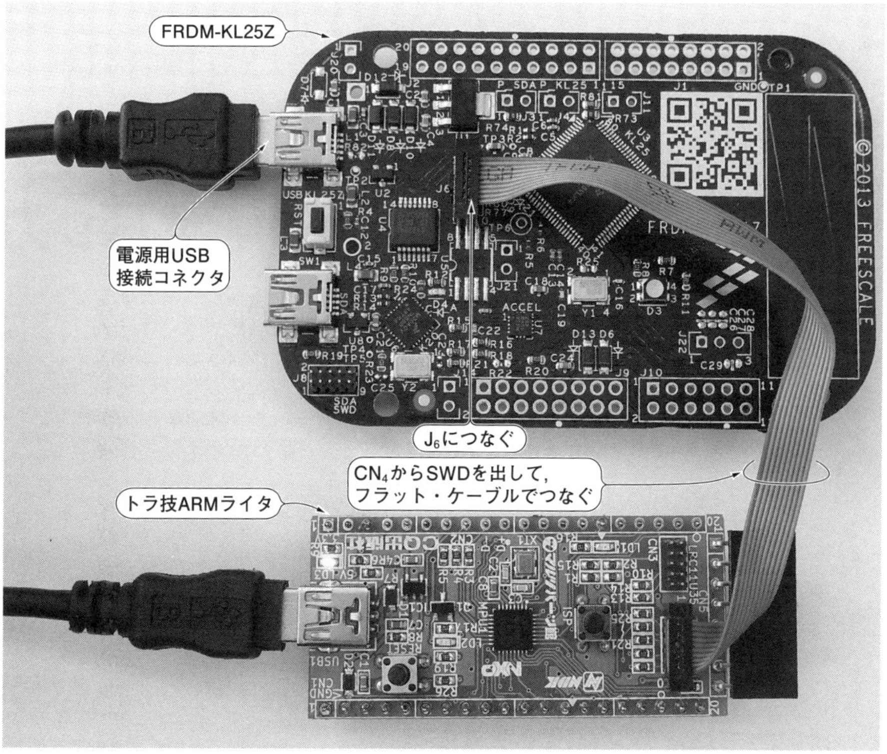

写真2 フリースケール・セミコンダクタのFRDM-KL25Zボードとトラ技ARMライタとの接続

（写真内ラベル）
- FRDM-KL25Z
- 電源用USB接続コネクタ
- J6につなぐ
- CN4からSWDを出して，フラット・ケーブルでつなぐ
- トラ技ARMライタ

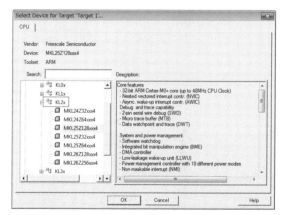

図11 フリースケール・セミコンダクタのMKL25Z128xxx4を選択する

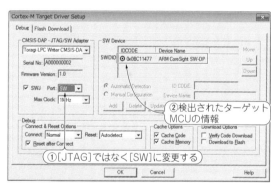

（画面内注記）
① [JTAG]ではなく[SW]に変更する
② 検出されたターゲットMCUの情報

図12 MKL25Z128VLK4が認識されるように[JTAG]-[SWD]に変更する

マイコン・ボードです．48 MHzで動作し，mbedの開発環境が使え，Arduino互換のピン配置になっています．トラ技ARMライタとの接続は，**写真2**に示すようにFRDM-KL25Z基板のJ6とフラット・ケーブルで接続します．

● プロジェクトの作成

手順は，STM32F3Discoveryの場合と同じです．CPUの選択で，フリースケール・セミコンダクタMKL25Z128VLK4を選んでください(**図11**)．**リスト1**と同じソースを書き，main.cとして保存します．

● デバッガの設定

デバッガの設定手順もSTM32F3Discoveryと同じです．

[Flash]-[Configure Flash Tools]を起動して，[Debug]タブを開き，CMSIS-DAPを選んで[Settings]を押します．その次の画面でPortをJTAGからSWに変更すると，IDCODE 0x0BC11477のARM CoreSight SW-DPが認識されます(**図12**)．

メイン・メニューから[Debug]-[Start/Stop Debug Session]を実行すると，同じようにmain()の先頭で停止しているのが確認できます．

第12章 A？R？M？マルチ・コア？メーカ？もう関係ない…

うまい話には裏がある？

一人1台！全Cortex ARM マイコン対応デバッガのしくみ

内藤 竜治／木村 秀行 Ryuji Naitou/Hideyuki Kimura

トラ技ARMライタは，搭載されているLPC11U35マイコンに，USBとJTAG/SWDの間をインターフェースするファームウェア（CMSIS-DAP，Cortex Microcontroller Software Interface Standard Debug Access Port）を書き込むと，すべてのCortex-Mを搭載したARMマイコンに対応した「My ARMデバッガ」に変身します．本章では，このMy ARMデバッガのしくみを基礎から説明しましょう．

ナンテ素晴らしい！全Cortex-M 対応のデバッガを自作できる時代

● メーカの違いはもう気にしなくていい！ARM社が定めた共通ルール CMSIS

ARM社がCortex-Mプロセッサを利用するエンジニアの開発作業の効率向上を目指して定めた共通ルールがあります．その名もシーエムシス（CMSIS：Cortex Microcontroller Software Interface Standard）です．このルールに沿って用意されたライブラリを利用すれば，さまざまなベンダのCortex-Mを搭載したマイコンに，統一的な方法でアクセスできます．

● 2012年，全Cortex-M対応のデバッガを自作できる標準ライブラリが誕生

CMSISには元々，次の三つのライブラリがありました．

● CORE ● DSP ● RTOS

2012年にCMSIS-DAPが追加されました．これは，ターゲットのDAP（Debug Access Port）への標準化されたアクセス方法を提供するものです．つまり，ホ

表1 USB-JTAGデバッガのいろいろ

名称	ベンダ	特徴
Segger J-Link	Segger	ARM7/9/11，Cortex，ルネサスRXに対応したJTAGデバッガで，Segger社がオリジナルだと思われる．J-Link用のGDB Serverも提供される．IAR他，各社にOEM提供している．AtmelのSAM-ICE（Atmel社製プロセッサ限定），アナログ・デバイセズ社のmIDASLinkなどがある
IAR J-Link	IAR	Segger J-LinkのOEM．IAR J-Linkの場合，Keil社のMDK-ARMで使用できない
Redlink	CodeRed	LPCXpressoで使用される，ターゲットMCUと接続する仕組みのこと．Redlink Server，Redlink firmware（デバッガ上で動くソフトウェア．USBとJTAGの接続機能を持つ），crt_emu_cm_redlink（デバッグ・ドライバ）の三つを含む
LPC-Link	NXPセミコンダクターズ	LPCXpresso基板のJTAG/SWD部分のこと．LPCXpresso部分と切り離して単体で使うことも可能で，USB⇔JTAG/SWD機能だけを持つ限定的なものだった．サポート・デバイスは，Cortex-M0，M3，ARM7/9など
LPC-Link2		LPC-Linkとは異なり，単体のJTAG/SWDデバッガとして発売されたもの．ファームウェアを書き換えることでJ-Link，Redlink，CMSIS-DAPデバッガなどとしても使用できる．他のデバッガとして使用できることで，サポートするIDE，MCUの範囲も広がった
ULINK	KEIL	KEIL製のUSB-JTAG/SWDアダプタ．KEIL社がARM社に買収されたことによってARM社純正のデバッガとなった．ULINK，ULINK2，ULINK-ME，ULINK Proの4種類があり，Keil μVision統合開発環境との相性が良い
FT2232	FTDI	本来USB-UARTのインターフェース・チップだが，MPSEE機能を使用して安価なJTAGインターフェースとして使う方法が広まった．これをUSB-JTAGアダプタとして商品化したものに，Amontec社のJTAGKeyやARM-USB-TINYなどがある．対応しているソフトウェアはオープン・ソースのOpenOCD．MDK-ARMやLPCXpressoでは使えない
ST-LINK	STマイクロエレクトロニクス	STM8とSTM32に対応したデバッグ・アダプタ．KEILやIARなどが対応している
Sygnam Systems JTAGjet	Sygnam Systems	ARM7，9，11，Cortex，MPCore，XScale，Sitara，Stellaris，DaVinci，OMAP，OMAP2，OMAP3などに対応したETM対応のデバッガ．Sygnam Systemsは2011年にIARに買収された
JTAGjet-Trace for ARM	IAR	トレース・モジュール（ETM）が使え，Cortex-A/R/MとARM7，9，11に対応している

スト・コンピュータとUSBで接続し，ターゲットとはJTAG/SWDで接続するというJTAGエミュレータ（デバッガ）の標準的な規格で，それを実現するためのソフトウェアでもあります．

CMSIS-DAPの規格は，ARM社に登録すればだれでも読むことができます[1]．それを実現するためのソース・コードも閲覧できます．

● CMSIS-DAP誕生前のARMマイコンのデバッグ環境

ARMマイコンのデバッグは，JTAGやSWDという信号を利用して行います．ホスト・パソコンとデバッガはUSBで接続します．

USB-JTAG/SWDの変換のための標準規格CMSIS-DAPが誕生した2012年以前は，さまざまなデバッガ・ベンダがいろいろなUSB-JTAGアダプタを作っていました（**表1**）．デバッガ・ベンダ各社は，独自のマイコン開発環境アプリケーション・ソフトウェアをもち，そのオリジナル・ソフトウェアに合わせて，独自のデバッガを作ってきました．したがって，各社のデバッガの間には互換性がありませんでした．USB側のプロトコルも，搭載されている機能も皆それぞれ違います．

2012年にARM社からCMSIS-DAPが発表された後は，デバッガ・ベンダ各社はそれらに対応してきています．次に示すメジャーなARMマイコン開発アプリケーション・ソフトウェアは対応ずみです．

- NXPセミコンダクターズ社のLPCXpresso 6
- ARM社のKeil μVison（マイクロビジョン）（MDK-ARM）
- IAR社のIAR EW-ARM
- ARM社のDS-5

メーカ横断的に使える（マルチ・ベンダな）ARMマイコン用の開発ツールMDK-ARM（ARM社の製品）では，自社のデバッガULINK以外に，**図1**のようにたくさんのJTAGデバッガをサポートしています．

*

ARM社がUSB-JTAGの標準規格を発表してしまったのですが，だからといって各社のUSB-JTAGアダプタがなくなるということはありません．各デバッガ・ベンダのアダプタにはそれぞれ良いところがあり，

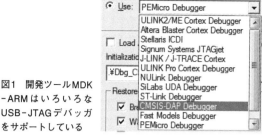

図1 開発ツールMDK-ARMはいろいろなUSB-JTAGデバッガをサポートしている

CMSIS-DAPにできないこともあります．USB-JTAGのためのアダプタの仲間が一つ増えた程度に考えればよいと思います．

● CMSIS-DAPを使うメリット

ARM社が公開しているドキュメントでは，次のメリットがうたわれています．

- すべてのCortexアーキテクチャ（Cortex-A/R/M）のCoreSight（Cortexマイコンが内蔵するデバッグ回路）のレジスタにアクセスできる
- 5ピンのJTAGまたは2ピンのSWDに対応
- マルチ・コア・デバッグに対応（章末のコラム参照）
- Cortex-Mマイコンのデバッグ・アダプタへの配置が容易
- デバッグ・アダプタを評価ボード上に組み込み可能
- ホスト・パソコンへのドライバ・インストールが不要．USBのHID（Human Interface Device）クラス・ドライバを使う

マイコンのデバッグ用インターフェースの歴史

● ICと基板の検査用インターフェース JTAG を利用

JTAG（Joint Test Action Group）は，次に示す4本から5本の信号線を使って，ICの内部回路と通信するために生まれたインターフェース規格です．IEEE1149.1で定められました．

(1) TDI（Test Data In）
(2) TDO（Test Data Out）
(3) TCK（Test Clock）

開発ツール LPCXpressoのCMSIS-DAPへの対応は道半ば

CMSIS-DAPを利用するには，統合開発環境のソフトウェアも対応していなければなりません．しかし，まだ完全に対応した製品はないようです．

NXPセミコンダクターズの開発ツール LPCXpresso 6.1.2では，CMSIS-DAPを利用できるのはSWDだけで，JTAGを利用できません[3][4]．現時点では，マルチ・コアのデバッグをするときはSWDではなく，JTAGを使うように書かれています．また，NXPセミコンダクターズ社の純正デバッガLPC-Link2を使う必要があります．

〈内藤 竜治〉

（4）TMS（Test Mode Select）
（5オプション）TRST（Test Reset）

JTAGは，1987年にバージョン1として誕生し，1988年に今の形になり，1990年にIEEE1149.1として承認されました．本来の目的は，ICとプリント基板の検査でしたが，現在ではICの内部回路と通信して，デバッグや書き込みを行うためのインターフェースとして利用される例が多くなりました．

JTAGがデバッグ専用に進化！SWD誕生

● 2009年，JTAGの4本の信号線を2本にまとめたデバッグ専用規格SWD誕生

JTAGの欠点は，信号線が5本も必要なことです．8個しか端子をもたないマイコン（LPC810など）をJTAGでデバッグしようとすると，JTAG通信用の5本の信号線とリセット信号，それに電源とグラウンドで，すべての端子が占有され，LEDチカチカすらできません．

2009年，IEEE1149.1を補完するIEEE1149.7という新しいデバッグ規格が誕生し，次のようなことが定められました．

- 2ピンで動作させるためのCompact JTAG（cJTAG）のやりかた
- 複数のパワー・モード
- システム・レベルでのバイパス
- スター結線

SWDではcJTAGと同様に，TMSとTDIとTDOを時分割多重化し，SWDIOという信号にまとめて送ります．クロック信号はSWCLKと呼ぶようになります．

電源投入直後，SWD/JTAG兼用のポートはJTAGモードになっていて，SWDIOはTMSとして使われます．ここで，SWDIO（TMS）に特別なシーケンスを与えて，JTAGのTAPステート・マシンを「普通はありえないような無意味な動かし方」をさせることで，SWDからJTAGに切り替えたり，逆にJTAGからSWDに切り替えたりするコマンド代わりに使っています．具体的に言うと，

(1) SWDIO（TMS）を"H"に保ったまま，50回以上のTCKパルスを与える
(2) SWDIO（TMS）に0111100111100111というシーケンスを与える
(3) SWDIO（TMS）を"H"に保ったまま，50回以上のTCKパルスを与える

このシーケンス（図2）を実行すると，まず(1)でJTAGのTAPコントローラはRESETステートに入ります．

次の(2)では，JTAGのステート・マシンは，
[Runtest/Idle] → [Select-DR-Scan] → [Select-IR-Scan] → [Test-Locig-Reset] → [Runtest/Idle]
をぐるぐる回るだけです．従来のJTAGデバイスに対して実行しても害はありません．JTAG/SWD兼用のポートは，このシーケンスによってSWDに切り替わります．

▶もはやJTAGじゃない

IEEE1149.7では，1ビットごとにTDI，TMS，TDOの3ビットを多重化（マルチプレクス）していましたが，SWDではパケット・ベースのプロトコルにして，切り替えの回数を減らしています．

具体的には，ホストからターゲットに書き込むときには図3に示す波形で，ターゲットから読み出すときには図4に示す波形でやりとりしています．cJTAG（次項のコラム参照）と比較すれば，もはやJTAGとは何の関係もないことがわかると思います．

● 複数のターゲットをデバッグできるように進化

SWDのプロトコルにはバージョン1とバージョン2があります．

バージョン1では，デバッグ・アダプタとターゲットは1対1で接続しなければなりませんが，バージョン2では複数のターゲットをスター配線できるようになりました．このような接続方法を「マルチドロップ」といいます（図5）．

ARM専用のデバッグ・インターフェースADIv5誕生

ARM7/9の時代は，個々のコンポーネント（通信回路）に対してJTAGのパスをデイジーチェーンでつな

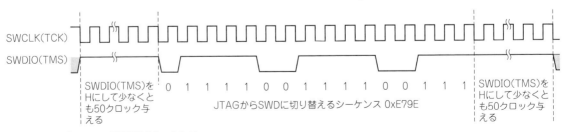

図2 JTAGからSWDへの切り替えシーケンス
JTAG対応（IEEE1149.1準拠）のデバイスに対しては，意味のないステート遷移を実行させるだけなので，悪影響はない．SWD対応デバイスならばSWDモードに切り替わる

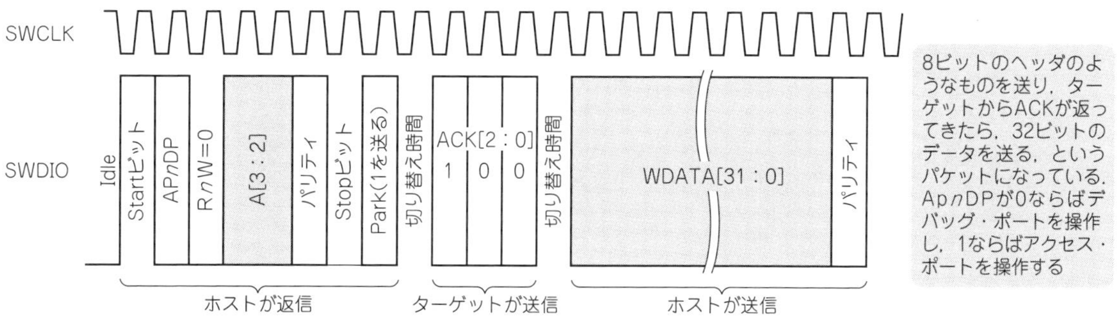

図3 SWDの書き込みシーケンス

いで何とかしのいでいました．コンポーネントとは，トレース回路モジュール(ETM)や，CPUを強制的に停止させたりハードウェア・ブレーク・ポイントを仕掛ける回路モジュールのことです．

この方法は次のような問題点を残しています．

- チェーンが長くなると通信速度が遅くなる
- 2線式にするとデータ・バスが双方向になるので，シフト・レジスタを前提としたデイジーチェーンができなくなる

今やチップのSoC化が進み，複数のCPUや周辺装置，そして高機能なJTAG通信回路を複数集積できる時代です．ARMマイコンでも，トレース・モジュール回路(ETM)やJTAG経由で操作できるDMAコントローラなどがあります．

ADIv5(ARM Debug Interface)では，チップのデバッグの入り口を「デバッグ・ポート(DP)」と呼び，個々の通信回路に対するチップ内部のポートを「アクセス・ポート(AP)」とし，外側のインターフェース

SWDの前身 Compact JTAGの欠点と改良

JTAGの仕様を定めているIEEE1149.1では，ホストからターゲットへのデータ送信にTDIを，ターゲットからホストへのデータ送信にはTDOを，JTAGのステート・マシン(TAP)の制御にはTMSを使っていました．

次に定められたIEEE1149.7では，これらの三つの信号を時分割で一つにまとめるやり方cJTAG(Compact JTAG)が定められました．TCKのクロックを3回送って，TDI，TMS，TDOを時分割で送ろうというわけです．TDI，TMS，TDOをマルチプレクスした信号をTMSCといい，クロックをTCKCと呼びます．

この方法には明らかな欠点があります．

(1) 3分の1の速度しか出ない
(2) デイジーチェーンで複数のデバイスを接続するのが難しい
(3) TDIとTDOで方向を切り替えなければならないので遅くなる

そこで，TDIやTMSを使わなそうなケースでは省略するというモードが用意されています．

図Aは，OScan1(Optimized Scan format)でTDI，TMS，TDOを順番に送っているときの波形の例です．JTAGでは，TDIとTDOの両方を使う機会は少ないので，どちらか一つだけを送ったり，データ送信中はTMSはいつも"H"なので省略したり，使われなさそうな信号を省略することで速度を向上させました．(2)の問題は，デイジーチェーンではなくスター型のトポロジで対応しました．〈内藤 竜治〉

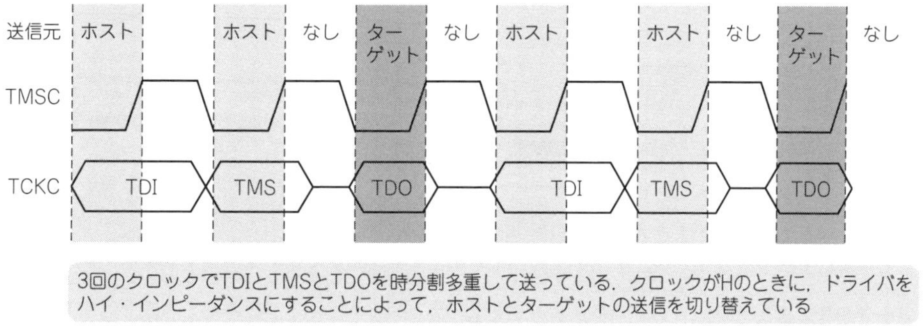

図A 2ピンで双方向にデータをやり取りするしくみ（cJTAGのOScan 1モード）

3回のクロックでTDIとTMSとTDOを時分割多重して送っている．クロックがHのときに，ドライバをハイ・インピーダンスにすることによって，ホストとターゲットの送信を切り替えている

図4 SWDの読み出しシーケンス

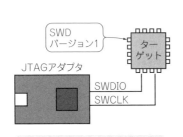

(a) ターゲットがSWDバージョン1にしか対応していない場合

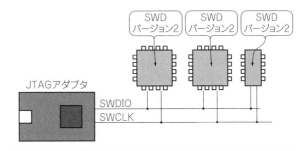

(b) ターゲットがSWDバージョン2に対応している場合

図5 SWDバージョン2では複数デバイスの接続が可能になった

ARM7/9時代のJTAGデバッグのしくみ

　ARM7マイコンやARM9マイコンには，JTAGで操作できるデバッグ用の通信回路が入っていましたが，CPUの動きを停めたり再開したりする程度の機能しかありませんでした．JTAGデバッグは，バウンダリ・スキャン・コマンド（INTESTという）を利用して，CPUのデータ・バスにARMの命令コードを直接送り込んで実現していました（**図B**）．

　ARMのコアは，メモリからフェッチした命令を実行しているつもりで，実はJTAG経由で送り込まれた命令を実行させられていました．たとえば，ホスト・パソコンがマイコン（ターゲット）のメモリの内容を読み出したいときは，機械語のロード命令を送り込んで，それが実行されたであろうタイミングでデータ・バスの状態を読み出します．しかし実際は，パイプラインによる遅延が入るため，タイミングが非常にややこしく，デバッガ・プログラムの開発もとても困難でした． 〈内藤　竜治〉

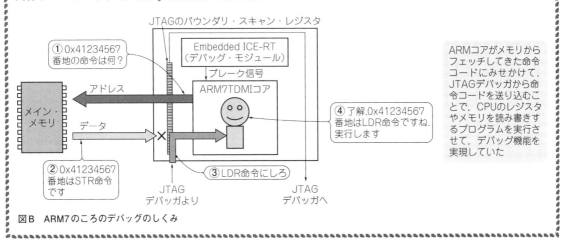

図B ARM7のころのデバッグのしくみ

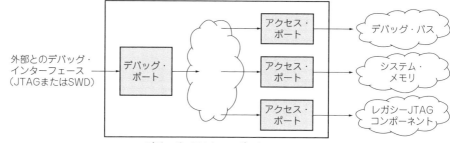

図6 現在のARM用デバッグ・インターフェースは，さまざまなデバッグ機能を扱える

を一つにまとめて，JTAGまたはSWDでアクセスできるようにしました（図6）．

▶ADIv5のデバッグ・ポートの種類
 (1) JTAG-DP：JTAGベースのデバッグ・ポート
 (2) SW-DP：SWDベースのデバッグ・ポート
 (3) SWJ-DP：SW-DPとJTAG-DPが切り替わるデバッグ・ポート

▶ADIv5のアクセス・ポートの種類
 (1) JTAG-AP：従来のJTAGベースの通信回路にアクセスするためのもの
 (2) MEM-AP：システム・メモリにアクセスするためのもの（AHB-AP，AXI-AP）

があります．各アクセス・ポートには32ビットのレジスタが多数配置され，そのレジスタの内容も ADIv5で定義されています．これらのレジスタを操作することで，Cortexマイコン内のデバッグ回路（CoreSight）にアクセスします．

USB-JTAG/SWDインターフェース・ファームウェア CMSIS-DAPのしくみと働き

● パソコンの指示どおりにCoreSightのレジスタに読み書きするコマンドを発行する

CMSIS-DAPは，USBマイコン（Cortex-Mを想定）にファームウェアとして書き込むと，Cortex CPUとUSBをインターフェースするデバッグ・チップとして機能するようになります．図7にCMSIS-DAPのソフトウェア構成を示します．

CMSISを操作するパソコン上のソフトウェア（いわゆる統合開発環境の中のデバッガ）は，USBのHIDプロトコルの「レポート」というフィールドにCMSIS-DAPのパケットを乗せて送ります．

CMSIS-DAPのパケットは，1バイトのコマンドの後にパラメータやデータが続いたシンプルなもので，表2に示すものがあります．たとえば，ターゲットとの接続を示すLEDを光らせたいときは，ホスト・パソコンから，

  0x01：LEDコマンド
  0x00：CONNECTED LEDを意味する
  0x01：点灯

という3バイトのコマンドを送ってきます．

表2を見てわかるとおり，CMSIS-DAPのファームウェアの中には「ターゲットのメモリのXXXX番地を読み出す」や「ステップ実行する」といったコマンドはありません．ホスト・パソコンから出される指示にしたがって，CoreSightのレジスタに値を読み書きするためのコマンドを発行することしか行っていません．

● メモリの読み書きなどはどうやればよいのか

CMSIS-DAPは高度な処理をしているわけではなく，やっていることは単純なプロトコル変換だけです．

CMSIS-DAPに指令を与えているのは，RDDI

私のチョコット考察その① 「SWDとcJTAG」

SWDの登場はおそらく2009年です．cJTAGは基板検査やその他の用途にも使用できますが，SWDはARMマイコンのデバッグにしか使えません．

ARMがcJTAGを採用しなかったのは，「Cortexのデバッグ・ユニットにある32ビット・レジスタを読み書きするためのパケットを送る以外のことをする必要がないので，冗長なJTAGのシーケンスを全部省いて，方向が切り替わるというアイデアだけ採用した」という理由ではないかと思います．

SWDは，もはやJTAGとはまったく関係のないプロトコルです．JTAGの線を共用して使うため，他のJTAGデバイスやcJTAGデバイスに影響を与えないようになっています．cJTAGとSWDは互換性はありませんが，共存できるように工夫されているという点が重要なのかもしれません．今後は，安価なSWDデバッガが主流になるのでしょう．

〈内藤 竜治〉

図7 CMSIS-DAP化に必要なファームウェアの構成

表2 CMSIS-DAPのプロトコル

種類	コマンド名	コマンド	機能
汎用コマンド	DAP_Info	0x00	CMSIS-DAPユニットの情報を得る
	DAP_LED	0x01	LEDを制御する
	DAP_Connect	0x02	モード(SWD/JTAG)を選択してデバイスに接続する
	DAP_Disconnect	0x03	デバッグ・ポートから切断する
	DAP_WriteABORT	0x08	ターゲット・デバイス内のABORTレジスタに書き込む
	DAP_Delay	0x09	マイクロ秒単位のディレイを入れる
	DAP_ResetTarget	0x0a	ターゲットをリセットする
SWD/JTAG共通コマンド	DAP_SWJ_Pins	0x10	SWDIOやNRESET等のピンを個別に操作する
	DAP_SWJ_Clock	0x11	クロック周波数をHz単位で設定する
	DAP_SWJ_Sequence	0x12	SWDとJTAGを切り替えるためのシーケンスを発行する
SWDコマンド	DAP_SWD_Configure	0x13	SWDのプロトコルの設定を行う
JTAGコマンド	DAP_JTAG_Sequence	0x14	任意のJTAGシーケンスを生成する
	DAP_JTAG_Configure	0x15	JTAGチェーンの設定を行う
	DAP_JTAG_IDCODE	0x16	JTAGのIDCODEを読む
転送コマンド	DAP_TransferConfigure	0x04	DAP_TransferとDAP_TransferBlockで使うパラメータの設定を行う
	DAP_Transfer	0x05	一つあるいは複数のCoreSightレジスタに転送する
	DAP_TransferBlock	0x06	CoreSightレジスタにデータ・ブロックを転送する
	DAP_TransferAbort	0x07	現在の転送を中止する
ベンダ定義コマンド	DAP_ProcessVendorCommand	−	−

(Remote Device Debug Interface)というホスト・パソコンの中のソフトウェア(ライブラリ)です．RDDIはARM社のウェブサイト[2]から無償でダウンロードできます．

RDDIには，
- Debug_MemWrite()，Debug_MemRead()，Debug_MemDownload()：ターゲットのメモリに読み書きする関数
- Debug_RegReadBlock()：レジスタを操作する関数
- Debug_Step()：ステップ実行の関数

など，高度な機能を思わせる関数が用意されています．これらの関数を呼び出せば，CoreSightレジスタの仕様を理解しなくても，ターゲット・マイコンをデバッグできると思われます．

メーカ横断デバッガが作れるようになった背景

Keil μVision(MDK-ARM)は，さまざまなCPUを扱う統合開発環境なので，CPUのベンダを問わず，すべてのCortexマイコンに対応しようとしています．一方，LPCXpressoはNXPセミコンダクターズ社の開発環境なので，NXPセミコンダクターズ社のマイコンだけを対象としています．LPCXpressoは，他社のCPUのことは何も知りませんから，**マルチベンダでデバッグするなら，MDK-ARMを使わなければなりません**．

CMSIS-DAPを使うと，メーカを問わずデバッグができる理由は，**CMSIS-DAPがCortex-Mのアーキテクチャの中にあるCoreSightというデバッグ回路と通信しているからです**．すべてのCortex-Mマイコンが共通のCoreSight仕様に基づいているから，同じデバッガが使えるのです．

こういうことができるのも，ARM社がデバッグ・モジュール入りのCPUコアを作って，各CPUベンダが外側を作るという方針があるおかげです．

〈内藤 竜治〉

その気になれば，自分でJTAG/SWDデバッガ(たとえばマルチ・コア対応のデバッガなど)を作ることもできるのではないかと期待させられます．現時点では，実際にやってみたところ，CMSIS-DAP関係の関数はヘッダでは宣言されているけれど，DLLに実体が入っていないようでうまくいきませんでした．今後のバージョンアップを期待します．

テクチャではありません．

CoreSightの規格は公開されているので，資料を読んでレジスタの仕様を理解すれば，CMSIS-DAP経由でのCortex-A/R/Mのデバッガを自作することもできるでしょう．しかし，CoreSightの仕様はあまりにも膨大なので，自分で操作したいならばRDDIというライブラリを使うのがよいでしょう．

● まとめ

SWDは，2線式のデバッグ・インターフェースで，JTAGと共存可能です．

SWDIOは双方向のデータ線で，SWCLKはクロックです．SWDのプロトコルは，ADIv5とCoreSight用に特化しています．また，デバッグ・ポートやアクセス・ポートの中にあるレジスタに32ビットの値を書き込んだり読み出したりする目的にも特化しています．

CMSIS-DAPのパケットの肝心な部分は，CoreSight内のレジスタに値を転送することに特化しています．もちろん，ロー・レベルのJTAGも発行できます．

CoreSightでは，アクセス・ポートのレジスタに32ビットの値を読み書きすることで，ホスト・パソコンから要求されたデバッグのための操作を実行しています．従来のような「スキャン」をベースにしたアーキ

◆参考文献◆

(1) https://silver.arm.com/browse/CMSISDAP
   CMSIS-DAPのドキュメント．このサイトからCMSIS-DAP Beta 0.01をダウンロードできる
(2) RealViewICE Remote Debug I_F(RDDI)」
   https://silver.arm.com/browse/BX008
   RDDIのライブラリ一式とヘッダ・ファイル(ドキュメント付き)がダウンロードできる
(3) http://www.lpcware.com/content/forum/lpcxpresso-latest-release
   LPCXpresso 6.0.4のリリースノートで「Prevents use of JTAG for CMSIS-DAP connections(it is not currently supported)」と書かれている
(4) http://www.lpcware.com/content/forum/cmsis-dap
   CMSIS-DAPでJTAGの使用をサポートしていないと書かれている
(5) ARMR Debug Interface Architecture Specification ADIv5.0 to ADIv5.2

私のチョコット考察その② 「ADIv5とCoresight」

CoreSightというのは，マルチ・コアに対応するための新しいデバッグ回路のことです(図C)．ADIv5というのはCoreSightへのインターフェース方法を定めた仕様で，CoreSightの構成仕様の一つです．

詳しくは説明しませんが，CoreSightに対応したSoCやCPUでは，内部にデバッグ専用のAPBバス(ペリフェラル・バス)をもち，トレース・モジュールなどの標準化されたデバッグ用回路がメモリ・マップト・レジスタに配置されています．ADIv5のDAPは，APBバスのマスタになってそれらのレジスタにアクセスします．

SWD経由でCoreSightのレジスタにアクセスできるというわけです．　〈内藤 竜治〉

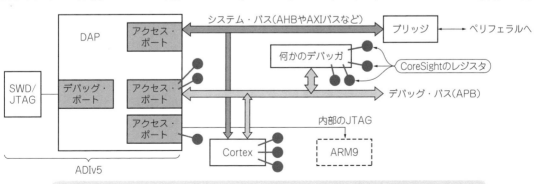

図C マルチコアにも対応したARMのデバッグ・アーキテクチャ CoreSightの全体像

第13章 トラ技ARMライタ用デバッガ・ファームウェアができるまで

NGX社製ボード用に作られたCMSIS-DAPをトラ技ARMライタにチューニング

もっと詳しく知りたい人へ

内藤 竜治／木村 秀行 Ryuji Naitou/Hideyuki Kimura

　本書に付属しているトラ技ARMライタは，専用にチューニングしたファームウェア（付属CD-ROM収録のfirmware.bin）を書き込むと，メーカ横断的に使えるARMマイコンのデバッガとして利用できます．

　トラ技ARMライタに書き込むデバッガ・ファームウェア（firmware.bin）は，NXPセミコンダクターズが提供しているアプリケーション・ノートAN11321を基に作ることができます．AN11321に付属のプロジェクト（CMSIS_DAP.uvproj）をビルドするには，MDK-ARMのProfessional版が必要です．Professional版は高価で，期間限定の評価版がないので，試すのは容易ではありませんが，本章が皆様の何かのお役に立つようであれば幸いです．

　付属CD-ROM収録のデバッガ・ファームウェア（firmware.bin）は，ソース・コードではなくバイナリ・コードです．ライセンスの制約で，ソース・コードのビルドはできても再配布は許されていないからです．

STEP1：CMSIS-DAPのカスタマイズの準備

● CMSIS-DAPのソース・コードをダウンロードする

　アプリケーション・ノート「AN11321：Porting the CMSIS-DAP debugger to the Cortex-M0 platform」は，ソース・コードと共に，次のURLで公開されています．

http://www.lpcware.com/content/nxpfile/an11321-porting-cmsis-dap-debugger-cortex-m0-platform

　まずAN11321.zipをダウンロードして解凍してください．図1のようにファイルとフォルダが合計三つ入っています．この中のPDFがドキュメントです．

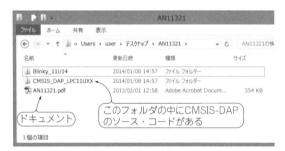

図1 CMSIS-DAPデバッガのサンプル・ソース・コードを含んだアプリケーション・ノートにアクセス
ダウンロードしたAN11321.zipファイルを解凍したところ

写真1 図1のアプリケーション・ノート（AN11321）がターゲットとしているNGX社製USBマイコン・ボード BlueBoard-LPC11U37

図2 サンプル・ソース・コードの中身を確認
Keil社（ARM社）のソフトウェア開発ツールMDK-ARMのIDEであるμVisionのプロジェクトになっている

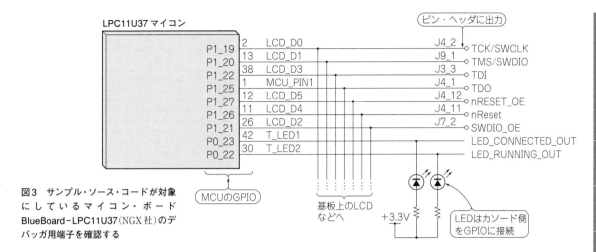

図3 サンプル・ソース・コードが対象にしているマイコン・ボード BlueBoard-LPC11U37(NGX社)のデバッガ用端子を確認する

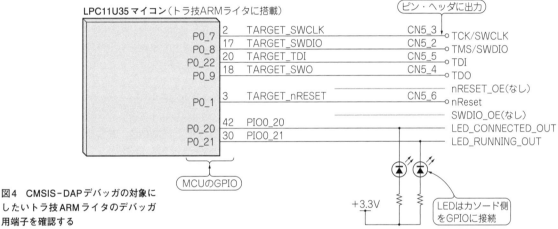

図4 CMSIS-DAPデバッガの対象にしたいトラ技ARMライタのデバッガ用端子を確認する

CMSIS_DAP_LPC11UXXというフォルダの中には**図2**のようにソース・コードが入っています．

● 修正するポイントを整理する

　AN11321は BlueBoard - LPC11U37(NGX Technologies)というマイコン・ボード(**写真1**)を対象に作られていて，トラ技ARMライタとはマイコンの型名もピン配置も異なります．NGX製ボードのJTAG関連部分の回路図を**図3**に，トラ技ARMライタに関連する部分の回路図を**図4**に示します．

　実際に**写真1**のボードでCMSIS-DAPデバッガを動かしてみると，LEDの点灯/消灯がデバッグの状態を直感的に反映していませんでした．そこで，トラ技ARMライタではデバッガ接続時のLEDの論理を反転し，繋がった状態でLED_CONNECTEDが点灯するようにしました．デバッガとの通信中には点滅をさせるようにします．

　　　　　　　　　　　＊

　以上の相違点をまとめると，移植に伴うファームウェアの主な改良点は次のとおりです．

(1) ターゲット・マイコンの変更
(2) GPIOポートの変更
(3) LEDの動作方法の変更

STEP2：CMSIS-DAPをトラ技ARMライタのハードウェアにチューニング

● ターゲット・マイコンを変更する

　AN11321のプロジェクトではターゲットCPUがLPC11U24/401になっています．Keil社(ARM社)のソフトウェア開発ツールMDK-ARMのIDEであるμVision4で，［Project］-［Select Device for Target ...］を選び，左側のData baseからLPC11U35/501に変更します(**図5**)．

● ポート番号を変更する

　表1に示すように，NGX社製ボードとトラ技ARMライタのポート番号の違いを整理しました．この設定はソース・ファイルのDAP_config.hに書かれています．

　たとえば，SWCLKという信号についてはNGX製ボードではPORT1_19に割り当てられています．

表1 アプリケーション・ノート(AN11321)のターゲット・ボード(NGX社)とトラ技ARMライタのポート番号の差分を確認する

JTAG/SWDの信号名	NGX社製LPC11U37ボード BlueBoard-LPC11U37		トラ技ARMライタ(LPC11U35)	
	GPIOのポート番号	基板上の信号名	GPIOのポート番号	基板上の信号名
TCK/SWCLK	P1_19	LCD_D0	P0_7	TARGET_SWCLK
TMS/SWDIO	P1_20	LCD_D1	P0_8	TARGET_SWDIO
TDI	P1_22	LCD_D3	P0_22	TARGET_TDI
TDO	P1_25	MCU_PIN1	P0_9	TARGET_SWO
nRESET_OE	P1_27	LCD_D5	なし	なし
nRESET	P1_26	LCD_D4	P0_1	TARGET_NRESET
SWDIO_OE	P1_21	LCD_D2	なし	なし
(LED_CONNECTED_OUT)	P0_23	T_LED1	P0_20	PIO0_20
(LED_RUNNING_OUT)	P0_22	T_LED2	P0_21	PIO0_21

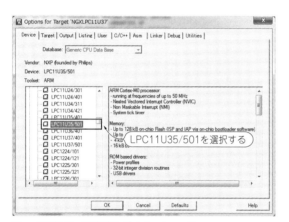

図5 開発環境で開発対象デバイスをトラ技ARMライタのマイコンLPC11U35に変更する

AN11321ではこれを操作するため，リスト1(a)のような定義がなされています．トラ技ARMライタはPORT0_7に接続されているので，リスト1(b)のように書き換えます．

このような変更をSWCLK, SWDIO, nRESET…のすべてに対して行います．

● GPIO関数に書き換える

実際にSWCLKをHレベルにする関数は，PIN_SWCLK_TCK_SET(void)というインライン関数です．この関数の中身は，

LPC_GPIO->SET[PIN_SWCLK_TCK_PORT]
=1<<PIN_SWCLK_TCK_BIT;

という構造体で実現でされています．この書き方を，

GPIOSetBitValue(PIN_SWCLK_TCK_
PORT,PIN_SWCLK_TCK_BIT,1);

に書き換えました．どちらもやっていることは同じなので，好みの書き方でかまいません．

● nRESET_OEとnSWDIO_OE信号の削除

NGX社製ボードでは，nRESETとTMS/SWDIOに3ステートの制御用らしき信号(_OE)がありますが，トラ技ARMライタにはないので，これらの処理はすべて削除します．

● デバッガとターゲットの通信が一度途切れた後の復帰

あるバージョンのLPCXpresso IDEでは，デバッガとターゲットの通信が一度途切れると，その後，繋がらなくなるという問題がありました．そこで，PORT_SWD_SETUP(void)関数の最後にリスト2の処理を追加しました．

● LEDの極性の変更

オリジナルのCMSIS-DAPでは，LEDが常にONしています．トラ技ARMライタでは，CMSIS-DAPと繋がったらONにして，通信している時は点滅するよう書き換えました．

リスト1 ソース・コードの修正(1)
ポート番号の変更

```
// Debug Port I/O Pins
// LPC 11U37/401
// SWCLK/TCK Pin            PIO1_19
#define PIN_SWCLK_TCK_PORT   1
#define PIN_SWCLK_TCK_BIT    19
```
(a) 変更前

```
// Debug Port I/O Pins
// Original (->LPC11U35's)
// SWCLK/TCK Pin            PIO1_19(->PIO0_7)
#define PIN_SWCLK_TCK_PORT   0
#define PIN_SWCLK_TCK_BIT    7
```
(b) 変更後

リスト2 ソース・コードの修正(2)
LPCXpressoで通信が途切れたままになる場合の対策

```
static __inline void PORT_SWD_SETUP (void) {
  LPC_GPIO->MASK[PIN_TDI_PORT] = 0;
  LPC_GPIO->MASK[PIN_SWDIO_TMS_PORT] = ~(1 << PIN_SWDIO_TMS_BIT);
  GPIOSetDir( PIN_SWDIO_TMS_PORT, PIN_SWDIO_TMS_BIT, 1 ); // この行を追加
}
```

リスト3 ソース・コードの修正(3)
USBのベンダID/プロダクトIDを変更する

```
#define USBD_DEVDESC_IDVENDOR    0xC251
#define USBD_DEVDESC_IDPRODUCT   0x3201
```
（Keil社のベンダID）

(a) 変更前

```
#define USBD_DEVDESC_IDVENDOR    0x0D28
#define USBD_DEVDESC_IDPRODUCT   0x00191
```
（NXP社のベンダID）

(b) 変更後

リスト4 ソース・コードの修正(4)
USBデバイスとしての名前を変更する

```
#define USBD_STRDESC_LANGID        0x0409
#define USBD_STRDESC_MAN           L"Keil Software"
#define USBD_STRDESC_PROD          L"LPC11U37-401 CMSIS-DAP"
#define USBD_STRDESC_SER_ENABLE    1
#define USBD_STRDESC_SER           L"A000000001"
```

(a) 変更前

図6 ビルドに成功したことを確認する

```
#define USBD_STRDESC_LANGID        0x0409
#define USBD_STRDESC_MAN           L"NXP"
#define USBD_STRDESC_PROD          L"Toragi-LPC Writer CMSIS-DAP"
#define USBD_STRDESC_SER_ENABLE    1
#define USBD_STRDESC_SER           L"A000000002"
```

(b) 変更後

● USBのディスクリプタの修正

AN11321のままではKeil社(ARM社)のCMSIS-DAPとして認識されてしまいます。

そこで、usb_config.cを開き、87行目にあるリスト3(a)の記述をリスト3(b)のように変更します。これでベンダIDとプロダクトIDが変更され、LPCXpressoから認識されるようになります。LPCXpressoは、LPCXPressoに登録されているVID/PIDでないとデバッガを見つけられない仕様になっています。

118行目にあるリスト4(a)の記述をリスト4(b)のように変更します。この変更によってはじめてWindowsパソコンに挿したときに画面に表示されるメッセージが「Toragi-LPC Writer CMSIS-DAP」になります。また、LPCXpressoなどから認識されるときの名前も変わります。

STEP3：できあがったファームウェアをビルドする

Keil μVision4で、[Project]-[Build target]（またはF7キー）と行うと、プロジェクトがビルドされます。エラーなくビルドが進めば成功です（図6）。

● 出力ファイル形式の変換(.axf→.bin)

生成されたファームウェアの拡張子はデフォルトでは.axfになっています。これをLPC11U35のマスストレージに書き込むには、firmware.binに変換する必要があります。

それには、Keil μVision4で、[Project]-[Options for Target 'NGXLPC11U**'] を開き、[User] の [Run User Programs After Build/Rebuild] のRun#2欄に、

C:\Keil\ARM\ARMCC\bin\fromelf.exe --bin -o Obj\firmware.bin Obj\DAP.axf

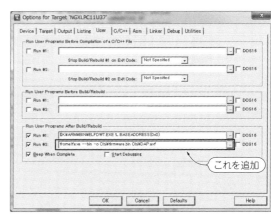

図7 ビルド・オプションでbin形式への変換を追加する

と書きます（図7）。fromelf.exeのオプションに--bin -oと指定し、その後に.binファイルと.axfファイル名を書くと、.axfから.binにファイルが変換されるしくみです。

● チェックサムを加える

書き込んだfirmware.binをLPC11U35に認識させて正常に動かすためには、チェックサムを付加する必要があります。これには、LPCXpresso系のツールに含まれているchecksum.exeを使う必要があります。チェックサムを付加するときは、

checksum.exe -p LPC11U35 -d firmware.bin

とコマンド・ラインで実行すれば大丈夫です。

これでLPC11U35に書き込んで動作するfirmware.binができあがりました。

◆参考文献◆

(1) http://www.ytsuboi.org/dokuwiki/armcc/lpc-usb-write

付属CD-ROMの説明

● 付属CD-ROMの内容

付属するCD-ROMには，本書の内容を理解したり試行するための開発用ツールやサンプル・プログラムなど一式が格納されています．本書の各章の解説をお読みになってご使用ください．

表Aに，付属CD-ROMのフォルダ構成と内容を示します．各サンプル・プログラムをコンパイルしたりビルドしたりするときは，付属CD-ROMから別ディスク(HDD/SSD)にコピーしてから行ってください．

● 使用上の注意事項

(1) 付属CD-ROMに格納されたプログラムやデータを使用することにより生じたトラブルなどは，筆者，CQ出版社，各プログラムの提供元，関連会社は一切の責任を負いません．これらのプログラムやデータは，各自の責任のもとで使用してください．

(2) 付属CD-ROMに格納されたプログラムやデータに関しては，筆者，CQ出版社，各プログラムの提供元，関連会社のサポート対象外です．

(3) 付属CD-ROMに格納されたプログラムやデータは，それぞれのライセンス条項に従って適切に取り扱ってください．原則として，付属CD-ROMに格納されたプログラムやデータを，インターネットなどの公共ネットワーク，構内イントラネットなどへアップロードすることは，筆者，CQ出版社，各プログラムの提供元，関連会社の許可なく行うことはできません．

(4) 付属CD-ROMに格納されたプログラムやデータは，個人で使用する目的以外は使用しないでください．

(5) 付属CD-ROMに格納されたプログラムやデータは，それぞれに適するパソコン動作環境にインストールして使用してください．ドキュメントなどで動作環境が指定されていればそれに従ってください．基本的に本書のプログラムやデータは，Windows XP(32ビット版)およびWindows 7(32ビット版)の上での動作を確認しています．

表A 付属CD-ROMの内容

No.	フォルダ名	ファイル名	内容
1	第2章	tg_thermometer.zip	ディジタル温度計のソース・コードとLCD/温度センサのコンポーネント・ライブラリ
2	第4章	mbed_blinky.zip	トラ技ARMライタ基板上のLEDを点滅させるサンプル・プログラム
3	第5章	HelloWorld_Mbed.zip	トラ技ARMライタでGPIO/タイマ/UART/USB/割り込みの動作を試すサンプル・プログラム
4	第6章	USB脈波計.zip	指タッチUSB脈波計のサンプル・プログラムと測定結果をパソコンに表示するアプリケーション
5	第7章	超敏感肌温度計.zip	超敏感肌温度計のソース・コード，A-Dコンバータ/サーミスタ/指数平均によるLPFのコンポーネント・ライブラリ
6	第8章	MyTester.zip	電圧，温度，湿度，照度，気圧を計測するサンプル・プログラム
7	第9章	MARY_CAM_CPLD.zip	SPI出力3cm角のビデオ・カメラのCPLD設計データ
8		MARY_CAMERA.zip	SPI出力3cm角のビデオ・カメラのテスト・プログラム
9		MARY_CAMERA1_1.zip	SPI出力3cm角のビデオ・カメラのテスト・プログラム(高速動作版)
10	第10章	firmware.bin	トラ技ARMライタで動作するARM Cortex-Mマイコン用デバッガ・ファームウェア
11	Appendix2	LPC11U35_USBCDC.zip	トラ技ARMライタで作るUSB-UART変換アダプタのサンプル・プログラムとドライバ・ソフトウェア
12	document	LPC11U3X.pdf UM10462.pdf	トラ技ARMライタ基板に搭載されたARM Cortex-M0マイコン LPC11U35のデータシートとユーザ・マニュアル
13	LPCXpresso	LPCXpresso_6.1.0_164.exe	ARMマイコン開発ツールLPCXpressoのインストーラ

著者略歴

● 島田 義人（しまだ よしひと）
1965年 東京都生まれ
1988年 東京電機大学・電子工学科卒
1991年 同大学院工学研究科修士課程修了
1994年 同大学院工学研究科博士課程修了（工学博士）
現在　 計測・制御機器メーカ勤務

● 白阪 一郎（しらさか いちろう）
1954年 東京都生まれ
1977年 東京電機大学・電子工学科卒
NECに入社し大型コンピュータの開発および人材育成業務に従事
2015年〜 就労移行支援事業所ベルーフで障碍者のIT教育に従事

● 渡會 豊政（わたらい とよまさ）
1966年 北海道生まれ
1989年 北海道工業大学・電気工学科卒
半導体設計メーカに入社し技術サポートを担当
2009年〜現在 アーム株式会社でmbedプラットフォームを担当

● 大中 邦彦（おおなか くにひこ）
1976年 茨城県生まれ
1999年 東京工業大学・電子物理工学科卒
2001年 同大学院社会理工学研究科修士課程修了
システム開発会社を経て，現在はIT系ベンチャー企業で技術者として勤務

● 辰岡 鉄郎（たつおか てつろう）
1975年 神奈川県生まれ
1997年 早稲田大学・電気電子情報工学科卒
2010年 スタンフォード大学客員研究員
現在　 医療機器メーカに勤務

● 松本 良男（まつもと よしお）
1959年 長野県生まれ
1982年 信州大学理学部物理学科卒
機械加工のセンシング技術開発に従事

● 小野寺 康幸（おのでら やすゆき）
1968年 埼玉県生まれ
1992年 東京電機大学・電子工学科卒
サン・マイクロシステムズに15年勤務．電子工作記事を多数執筆

● 内藤 竜治（ないとう りゅうじ）
幼少のころより電子回路とプログラミングが友達
東京工業大学 応用物理学科卒
東京大学大学院 システム量子工学専攻修了
一度は民間企業に就職したが，友人の勧めで応募した「未踏ソフト創造事業」に採択されたことを機に脱サラする．その成果を活かすため特殊電子回路株式会社を設立し，現在に至る

● 木村 秀行（きむら ひでゆき）
1993年 東京都生まれ
2012年 筑波大学付属高等学校卒
現在　 東京工業大学 機械宇宙学科在学中
2013年より特殊電子回路株式会社にてアルバイトとして勤務

- **本書記載の社名，製品名について** —— 本書に記載されている社名および製品名は，一般に開発メーカーの登録商標です．なお，本文中では ™，®，©の各表示を明記していません．
- **本書掲載記事の利用についてのご注意** —— 本誌掲載記事は著作権法により保護され，また産業財産権が確立されている場合があります．したがって，記事として掲載された技術情報をもとに製品化をするには，著作権者および産業財産権者の許可が必要です．また，掲載された技術情報を利用することにより発生した損害などに関して，CQ出版社および著作権者ならびに産業財産権者は責任を負いかねますのでご了承ください．
- **本書付属の CD-ROM についてのご注意** —— 本書付属の CD-ROM に収録したプログラムやデータなどは著作権法により保護されています．したがって，特別の表記がない限り，本書付属の CD-ROM の貸与または改変，個人で使用する場合を除いて複写複製（コピー）はできません．また，本書付属の CD-ROM に収録したプログラムやデータなどを利用することにより発生した損害などに関して，CQ出版社および著作権者は責任を負いかねますのでご了承ください．
- **本書に関するご質問について** —— 文章，数式などの記述上の不明点についてのご質問は，必ず往復はがきか返信用封筒を同封した封書でお願いいたします．勝手ながら，電話での質問にはお答えできません．ご質問は著者に回送し直接回答していただきますので，多少時間がかかります．また，本書の記載範囲を越えるご質問には応じられませんので，ご了承ください．
- **本書の複製等について** —— 本書のコピー，スキャン，デジタル化等の無断複製は著作権法上での例外を除き禁じられています．本書を代行業者等の第三者に依頼してスキャンやデジタル化することは，たとえ個人や家庭内の利用でも認められておりません．

JCOPY 〈(社)出版者著作権管理機構委託出版物〉本書の全部または一部を無断で複写複製（コピー）することは，著作権法上での例外を除き，禁じられています．本書からの複製を希望される場合は，(社)出版者著作権管理機構（TEL：03-3513-6969）にご連絡ください．

mbed×デバッガ！一枚二役 ARM マイコン基板　基板＋部品＋CD-ROM付き

2015年3月1日発行

©島田 義人／白阪 一郎／渡會 豊政／大中 邦彦／辰岡 鉄郎／松本 良男／
小野寺 康幸／内藤 竜治／木村 秀行／CQ出版株式会社 2015

著　者　島田 義人／白阪 一郎／渡會 豊政／
大中 邦彦／辰岡 鉄郎／松本 良男／
小野寺 康幸／内藤 竜治／木村 秀行

発行人　寺　前　裕　司
発行所　Ｃ　Ｑ　出　版　株　式　会　社
〒170-8461　東京都豊島区巣鴨1-14-2
電話　編集　03-5395-2123
　　　販売　03-5395-2141
振替　00100-7-10665

定価は裏表紙に表示してあります
無断転載を禁じます
乱丁，落丁本はお取り替えします
Printed in Japan

編集担当　菅井 研作
DTP・印刷・製本　三晃印刷(株)
イラスト　神崎 真理子／米田 裕